Krentzien/Machel/Kieper

Eisenbahn-Reviere
Rügen

Wulf Krentzien
Wolf-Dietger Machel
Klaus Kieper

EISENBAHN-REVIERE

Rügen

transpress

Titelfoto: Traditionszug der Rügenschen Kleinbahnen im November 1992 auf dem Bahnhof Putbus.
Foto: Krentzien

Foto auf den Seiten 2 und 3:
Blick vom 1969 eröffneten Rügenhotel auf den Fährhafen mit den Fährschiffen RÜGEN (links) und ROSTOCK (rechts).
Foto: Krentzien

Abschnitte 1 bis 9, 12 bis 16: Wulf Krentzien
Abschnitte 10 und 11: Wolf-Dietger Machel, Klaus Kieper

Krentzien, Wulf:
Eisenbahn-Reviere Rügen
Wulf Krentzien, Wolf-Dietger Machel, Klaus Kieper
1. Auflage
Berlin: Transpress 1993. – 136 Seiten
132 Abb. (davon 30 farbig)

ISBN 3-344-70770-1

Borkumstr. 2, O – 1100 Berlin
Lektor: Dr. Rolf Neustädt
Einbandgestaltung: Jürgen Schumann
Typografie: Jürgen Schumann/Regine Bach
Satz: Satzstudio MediaSoft Berlin
Druck: Maisch + Queck, Gerlingen
Bindung: E. Riethmüller, Stuttgart

Inhalt

1 Rügenreisen früher und heute

Jeder Weg nach Rügen führt über das Wasser ...

Der Wunsch, Rügen, Deutschlands größte Insel, zu erleben, zog seit der Zeit der Romantik viele Reiselustige an. Caspar David Friedrichs Gemälde mit den „Kreidespitzen bei Stubbenkammer“ ist nicht nur heute ein Favorit unter den Bildern, die über so manchem Sofa hängen. Eine Rügenreise war bis zum 19. Jahrhundert, aber auch in der Zeit kurz nach Öffnung der Mauer 1989 mit den Begriffen Abenteuer- und Entdeckungsfahrt verbunden. Noch heute erleben viele Autoreisende die Fahrt hierher oft mit Streß und Stau sowie überfüllten Parkplätzen.

„Bahnfahrer“ können zunehmend nervenfreundlicher und ausgeruhter in das Revier ihrer Entdekkungen, Rügen, reisen, hoffend, daß die Eisenbahn, ergänzt durch Schiff, Bus und Mietwagen inzwischen ein kundenfreundliches Verkehrsnetz geknüpft hat.

Gleich den Fäden eines Spinnennetzes laufen drei Eisenbahnstrecken auf Stralsund und die Insel Rügen zu und bringen die Züge mit Reisenden und Gütern zum Bahnhof Stralsund Rügendamm, dem Ausgangspunkt des Rügendamms, der Nabelschnur der größten deutschen Insel. Elloks donnern heute über den Ziegelgraben, die Insel Dänholm, den Damm und die Strelasundbrücke. Das herrliche Panorama der Stadt Stralsund genießen und erleben beim rhythmischen Donnern des Zuges können nur Bahnreisende ...!

Schon ist man auf der Insel, dem Ziel langersehnter Urlaubswünsche. So schnell ging es nicht immer.

Zwischen den ersten Nachrichten, daß man von Stralsund nach Rügen gelangen kann und heute, liegen fast 800 Jahre. Und erst seit 1936 ist der Reiseweg bei jedem Wetter so bequem wie in der Gegenwart ohne unnötige Aufenthalte und Umsteigen zu bewältigen.

Erinnern wir uns: Für die 1234 gegründete Hansestadt Stralsund war das vorgelagerte Rügen von großer wirtschaftlicher und politischer Bedeutung. Sie ließ sich 1240 Brief und Siegel geben, daß nur Stralsund zu entscheiden hat, wer, wann und wie

Das Eisenbahnnetz auf der Insel Rügen 1930. Ausschnitt aus „Großer Atlas der Eisenbahn“.

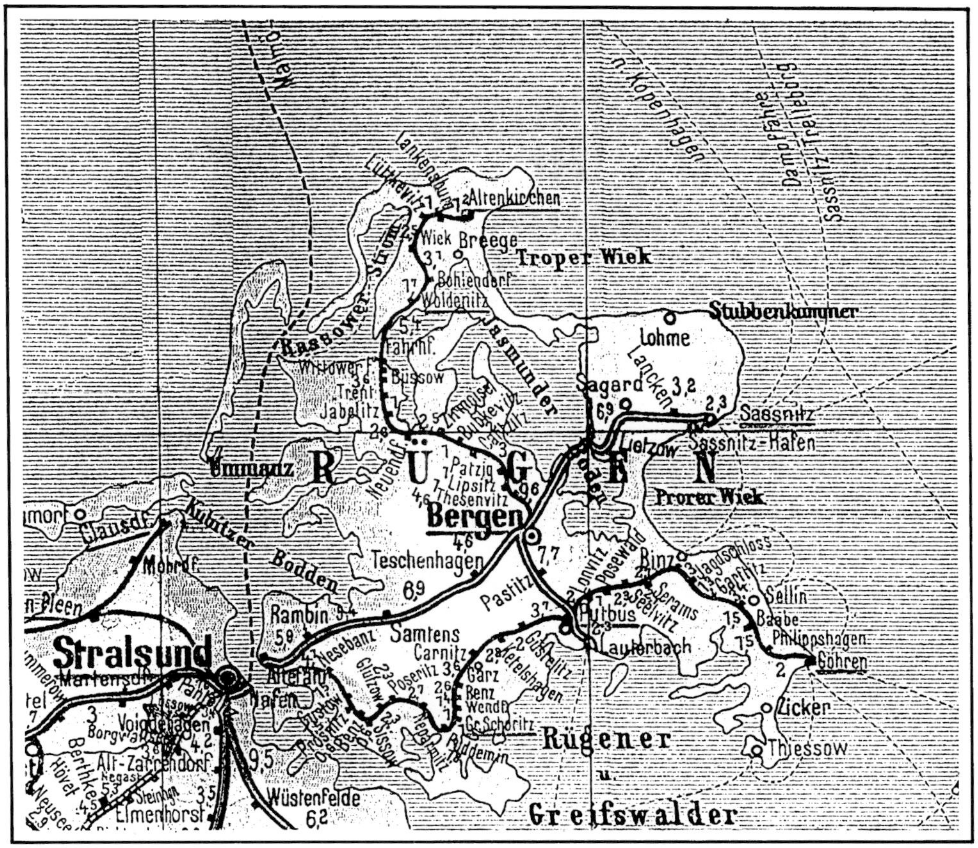

über den Strelasund zur Insel Rügen reist. Pferd und Wagen zur Insel überzusetzen, war ohnehin über Jahrhunderte nur von Stralsund aus möglich. An diesen Privilegien wurde erst gerüttelt, als nach 1648 zum Ende des Dreißigjährigen Kriegs Vorpommern und Rügen unter schwedische Verwaltung kamen.

Jetzt rückte die Insel Rügen in den Blickpunkt des internationalen Verkehrs. Schweden benötigte zu seinen neuen Besitzungen auf deutschem Boden eine regelmäßige Verkehrsverbindung, die mit der Postschiffslinie Stralsund–Ystad verwirklicht wurde. Bei rauher Witterung auf der Ostsee kam es sehr oft vor, daß die Postjachten, von Schweden kommend, ihre Seereise an den Küsten der Insel Rügen beenden mußten und Reisende und Güter schlechte Landwege zu benutzen hatten. In dieser Zeit begann man ernsthaft darüber nachzudenken, wie sich die Verkehrswege auf und zu der Insel verbessern lassen. Trotzdem war das Übersetzen von Wagen über die Glewitzer Fähre noch zu Beginn des vorigen Jahrhunderts eine schwierige Prozedur. Schließlich entstand in Stralsund eine Fährklappbrücke zum Beladen der Fährboote mit Wagen. Um 1830 wurde nach Fahrplan mit großen und kleinen gesegelten oder geruderten Booten gefahren.

Als 1824 das erste Dampfschiff im Ostseeraum als Postdampfer zwischen Stralsund und Ystad verkehrte, begeisterte man sich in Stralsund schnell für eine Dampffährverbindung zur Insel Rügen. Die Idee der Stralsunder für die damals neue Dampfschiffahrt sollte erst 30 Jahre später in die Tat umgesetzt werden, als 1856 der Fährraddampfer ALTEFÄHRE in Dienst gestellt werden konnte.

Die Eisenbahn Berlin–Stettin verbesserte ab

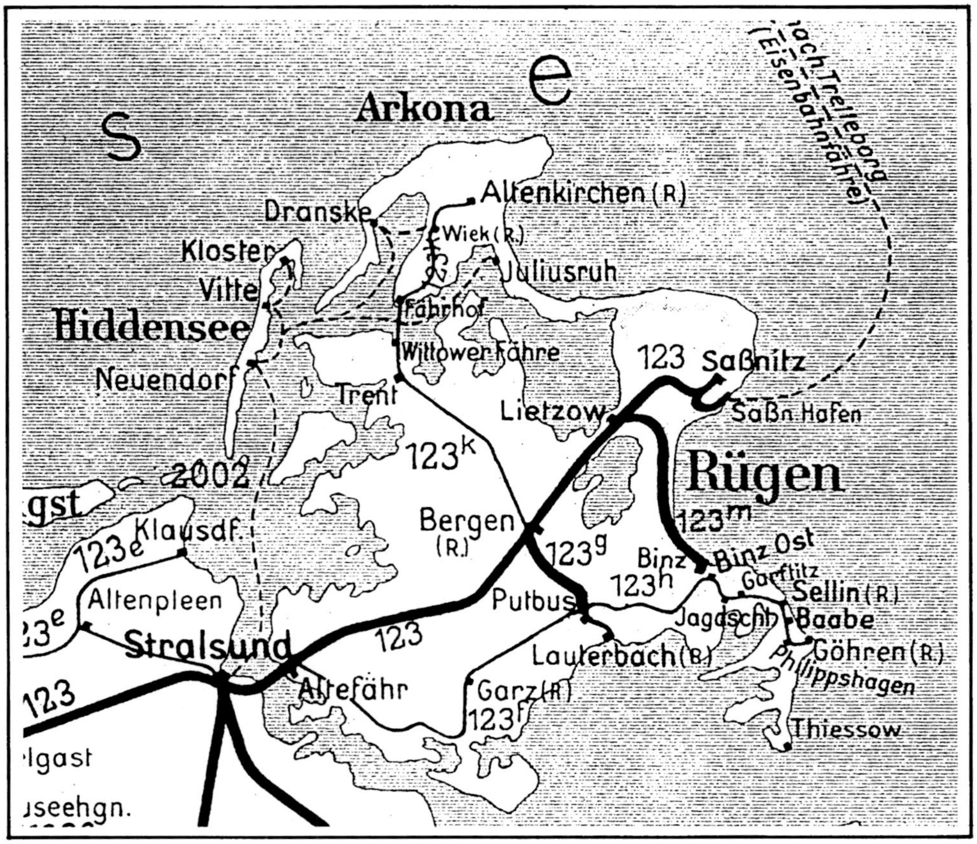

Das Eisenbahnnetz auf der Insel Rügen 1962. Ausschnitt aus der amtlichen Kursbuchkarte.

1843 die Verkehrsverbindung nach Rügen durch die Einführung der Dampfschiffsverbindung Stettin–Lauterbach–Stralsund merklich. Neben Stralsund wurde jetzt Lauterbach für mehrere Jahrzehnte ein Eingangstor zur Insel Rügen. Die Eröffnung der Eisenbahn Angermünde–Pasewalk–Greifswald–Stralsund ermöglichte ab 1864 neue günstige Schiffsverbindungen von Greifswald und Stralsund zur Insel Rügen mit den Linienverkehren Greifswald–Lauterbach und Stralsund–Ralswiek–Polchow (Halbinsel Jasmund).

Schon in der 40er Jahren des 19. Jahrhunderts hatte es konkrete Pläne gegeben, Rügen direkt mit dem in Deutschland entstehenden Eisenbahnnetz zu verbinden. Dabei spielten zunächst militärische Gründe und die Versorgung Berlins mit Lebensmitteln eine Rolle. Gleichzeitig entstanden erste Pläne für eine Rügenbrücke mit Eisenbahnüberführung.

Die 1868 veröffentlichten, aber nicht verwirklichten Pläne der Berliner Nordbahngesellschaft für den Bau einer Eisenbahn Berlin–Neustrelitz–Stralsund–Arkona, verbunden mit einer Rügenbrücke und einem Umschlaghafen Arkona, verhalfen der Idee eines Eisenbahnbaus auf Rügen zum Durchbruch. Die Nordbahngesellschaft hatte die Bedeutung der Insel für den Skandinavienverkehr erkannt. Der zunehmende Badereiseverkehr spielte in den Gedanken neben dem Transport von Lebensmitteln und Rohstoffen eine immer größere Rolle.

Die um 1880 entworfenen Projekte für ein Eisenbahnnetz auf Rügen sind im wesentlichen später als Normal- oder Schmalspurbahnen verwirklicht worden. Unklar war damals jedoch noch, ob ein Hafen mit Bahnanschluß bei Arkona oder Saßnitz gebaut werden soll.

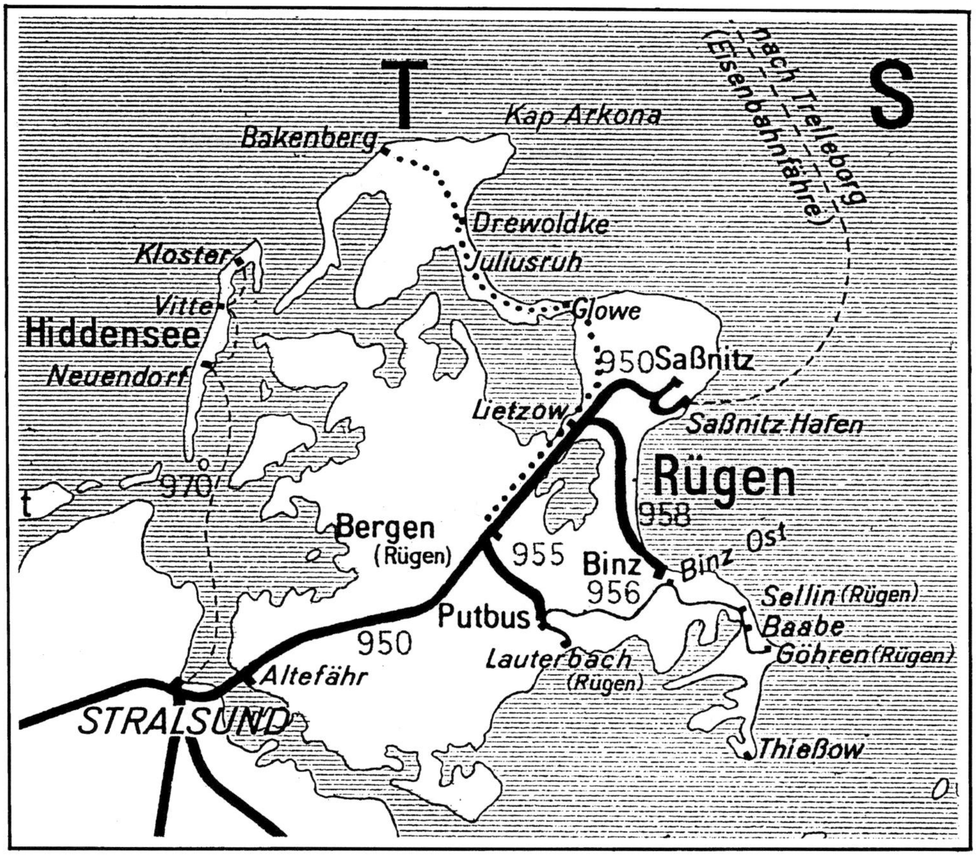

Das Eisenbahnnetz auf der Insel Rügen 1985. Ausschnitt aus der amtlichen Kursbuchkarte.

Als 1881 mit dem Bahnbau zwischen Stralsund und Bergen begonnen wurde, mußten sich die Rügener mit einer Nebenbahn abfinden, die durch eine Eisenbahnfährverbindung mit dem Festland verbunden wurde. Ab 1. Juli 1883 konnte diese Eisenbahn bis Bergen fahren. Auf die Eröffnung weiterer Strecken mußten die Inselbewohner noch einige Jahre warten:

Bergen–Putbus 1889,
Putbus–Lauterbach 1890,
Bergen–Saßnitz 1891.

Ergänzt wurden diese Normalspurstrecken dann in den 90er Jahren durch ein 97 km langes Schmalspurnetz und viele nichtöffentliche Landwirtschafts- und Industriebahnen.

Mit dem 1889 begonnenen Hafenbau bei Saßnitz, dem Bau der Strecke Saßnitz–Saßnitz Hafen und der Eröffnung der Postdampferlinie Saßnitz–Trelleborg im Jahre 1897 bekam die Eisenbahn auf Rügen internationale Bedeutung, so daß die Strecke Stralsund–Saßnitz 1904 in eine Hauptbahn umgewandelt werden mußte. Seit 1909 fahren die Eisenbahnfähren zwischen Saßnitz und Trelleborg. Aber erst 1936 wurde die Strelasundfährverbindung unter dem Druck des ständig steigenden Verkehrs zur und über die Insel Rügen durch den Rügendamm abgelöst.

Die Fertigstellung der Strecke Lietzow–Binz im Jahre 1939 fiel in die Zeit kurz vor Beginn des Zweiten Weltkriegs. Die Sprengung des Rügendamms im Mai 1945 von abziehenden deutschen Truppen machte Rügen bis 1947 wieder zu einer Insel ohne Landanbindung. Nach der Gründung der DDR im Jahre 1949 entwickelte sich das Verkehrsaufkommen auf allen rügenschen Eisenbahnstrecken sehr schnell. Wenn im Transitverkehr mit Schweden der

Personenverkehr erst nach der deutschen Einheit wieder die Vorkriegszahlen erreichte, erlebte der Güterverkehr trotz aller Konkurrenz bei günstigen Tarifen und internationalen Anschlüssen einen gewaltigen Aufschwung, der erst mit dem Zusammenbruch des osteuropäischen Marktes 1990 aufhörte.

Bis auf die denkmalgeschützte Strecke Putbus–Göhren fielen die Schmalspurbahnen der Expansion des Kraft- und Individualverkehrs zum Opfer.

1986 eröffnete die Deutsche Seereederei Rostock gemeinsam mit der Litauischen Staatsreederei (LSC) den Eisenbahnfährbetrieb Mukran–Klaipeda, besonders aus militärischen Gründen zur Umgehung Polens. Dazu entstanden die Strecke Borchtitz–Mukran sowie der Fährbahnhof und der Fährhafen Mukran. Durch den InterCity „RÜGEN" Köln–Binz wurde die deutsche Einheit auch im Eisenbahnverkehr für jedermann deutlich. Die zukünftige Entwicklung der Eisenbahnen und besonders ihrer Eisenbahnfährlinien hängt vor allem von der Politik ab. Aus wirtschaftlichen Erwägungen bietet Rügen kürzeste Wege per Bahn und Fähre nach Skandinavien und Finnland an. Man muß sie aber auch nutzen wollen ...!

2 Strelasund-überfahrten

Mit dem Eisenbahnfährschiff über den Strelasund

Jeder Weg nach Rügen führt über das Wasser. Will man vom Festland auf die Insel, muß man erst den Strelasund überqueren. Diese Festlandsanbindung Rügens ist seit über 100 Jahren und besonders auch wieder in der Gegenwart Thema von Projekten, Petitionen sowie Streitobjekt von Persönlichkeiten aus Wirtschaft und Politik.

Seit Beendigung der Generalreparatur der Rügendamm-Eisenbahnbrücken im Mai 1992 ist für die nächsten Jahrzehnte ein reibungsloser, optimaler Zugverkehr zur Insel gesichert. Allerdings braucht Rügen auch eine bessere Straßenanbindung, wenn der für die Insel so wichtige Skandinavienverkehr Bestand haben soll, da sich im Fährbetrieb ab Saßnitz und Saßnitz-Mukran Schienen- und Straßenverkehr sinnvoll ergänzen müssen.

Seit dem 13. Jahrhundert fuhren die Fährboote über den Strelasund zwischen Stralsund und Altefähr unter der Regie und Kontrolle Stralsunds. Die östlich von Stralsund gelegene Gleewitzer Fähre besaß die Stadt Greifswald. Dicke Akten künden noch heute von den Streitigkeiten und Kämpfen, die beide Städte wegen ihrer Rügenverbindungen ausfochten.

Als die ersten Pläne für eine Eisenbahn auf Rügen entworfen wurden, legte die Stadt Stralsund großen Wert darauf, daß der Festlandsanschluß des Rügener Eisenbahnnetzes über Stralsund ging. Wie schon seit dem 13. Jahrhundert, wollte man die Wirtschaft der Insel unter Kontrolle behalten und ihre Einwohner zwingen, in Stralsund einzukaufen. Dazu muß man wissen, daß zur Hansezeit die Stadt Stralsund ein Gesetz erwirkt hatte, das den Einwohnern Rügens verbot, eigene seegehende Schiffe zu besitzen. Rügensche Produkte durften nur über Stralsund weiterverkauft werden.

Mit der Entscheidung, die Insel Rügen zunächst nur mit einer Eisenbahnfähre und nicht durch eine Eisenbahnbrücke mit dem Festland zu verbinden, begann die Planung der Fähranlagen und der Fährschiffe. Als Vorbilder galten die „Trajektanstalten" Homburg/Ruhrort (seit 1854), Rheinhausen (seit 1854), der Güterfährbetrieb im Hafen von Stettin

und der Fährbetrieb über den Kleinen Belt (Dänemark). Zunächst sollte eine Kettenfähre nach Rheinhausener Vorbild verkehren. Schließlich entschied man sich für Fährschiffe, die dem Stettiner Vorbild nahe kamen:

– Die Schiffe waren eingleisig und hatten Schraubenantrieb, obwohl im In- und Ausland zu dieser Zeit noch der Radantrieb bevorzugt wurde.
– Die Schiffskörper hatten eine pontonartige Form, Maschine, Kessel und Kommandobrücke lagen mittschiffs.
– Die Beladung erfolgte über den Bug.

Als Vorbild für die Fähranlagen dienten die Konstruktionen am Kleinen Belt:

– Die Eisenbahnwagen fuhren über eine Klappbrücke auf das Schiff.
– Die Klappbrücke hing in einem Portal an Ketten mit Gegengewichten, die die Last der Brücke nahezu ausglichen. Das Heben und Senken geschah mit einer Handkurbel und später mit Elektromotoren.

Gegenüber den Stettiner Schiffen wurden die Fähren für den Strelasund weiterentwickelt:

Die Radfähre ALTEFÄHRE, 1857 in Dienst gestellt, im Stralsunder Hafen (zeitgenössische Lithographie).
Repro: Sammlung Krentzien

Zwei Lokomotiven der pr. Gattung T 3 schieben um 1900 in Stralsund Schnellzugwagen des D 14 auf das Fährschiff PRINZ HEINRICH. Rechts das Fährschiff PUTBUS.
Foto: Sammlung Krentzien

Die Fährschiffe PRINZ HEINRICH (l.) und PUTBUS (r.) um 1902 in Stralsund. Foto: Sammlung Krentzien

Preußische Abteilwagen werden in Stralsund auf das Fährschiff BERGEN geschoben (vor 1914).
Foto: Sammlung Krentzien

Der Stralsunder Fährhafen um 1929. Im Hintergrund das Fährschiff RÜGEN. Foto: Sammlung Krentzien

Hochbetrieb im Fährhafen von Stralsund Ende der 20er Jahre. Links das Fährschiff PUTBUS und rechts das Fährschiff RÜGEN. Foto: Sammlung Krentzien

Eine Lokomotive der pr. Gattung T 9^2 schiebt um 1915 D-Zugwagen auf eine Strelasundfähre in Stralsund.
Foto: Sammlung Krentzien

Stralsund
Hafen Bahnhof

- Zur Personenbeförderung gab es unter Deck Kajüten der I. bis IV. Klasse.
- Die ersten Strelasundfähren waren Zweischraubenschiffe mit einer bedeutend höheren Leistung als die der Stettiner Schiffe.
- Eine abgeflachte Bugform und ein spezielles Trimmsystem sollten Fahrten im Eis erleichtern.
- Die Kommandobrücke war mittschiffs auf einem Portal untergebracht.

Ende 1882 wurde die erste Fähre PRINZ HEINRICH durch die Schichau-Werft Elbing an die KPEV abgeliefert und zunächst zum Transport von Bahnbaumaterial eingesetzt. Am 1. Juli 1883 konnte der planmäßige Betrieb aufgenommen werden. Ende 1883 kam das zweite Fährschiff, die RÜGEN (I), auf die Linie. 1890 wurde das heute noch vorhandene Fährschiff STRALSUND in Dienst gestellt. Gleichzeitig entstand an beiden Ufern je eine zweite Fähranlage.

Im Sommer verlief der Fährbetrieb reibungslos. Besonders die Anzahl der Reisenden wuchs jährlich. Allerdings wurden in dieser Zeit noch keine Reisezugwagen trajektiert, und die Fahrgäste mußten auf das Schiff und dann wieder in den Zug umsteigen.

Schon die ersten starken Herbst- und Frühjahrsstürme mit extremem Hoch- und Niedrigwasser verursachten Unregelmäßigkeiten. Im Winter gab es bei starkem Eisgang Verzögerungen bis zu tagelangen Ausfällen. Alljährlich berichteten die Zeitungen vom Kampf der Fährschiffe und ihrer Besatzungen gegen die Naturgewalten, um einen endgültigen Baubeschluß für den Rügendamm zu erreichen.

Tatsächlich aber wurde der Strelasundfährbetrieb ständig erweitert. Zur Vorbereitung des Postdampferverkehrs nach Schweden war es notwen-

Die Stralsunder Fähranlagen nach dem Umbau im Jahre 1928.
Foto: Sammlung Krentzien

dig, komplette Schnellzüge über den Strelasund zu befördern. Dazu lieferte die Schichau-Werft Elbing das Fährschiff SASSNITZ, das drei D-Zugwagen laden konnte. Jetzt brauchten die Reisenden nicht mehr umzusteigen. Sie konnten während der Überfahrt im Zug bleiben. Dieses und alle weiteren Fährschiffe ließen sich über den Bug und das Heck beladen. Sie besaßen vier Schrauben, je zwei an jedem Schiffsende.

Um vierachsige Wagen zu trajektieren, mußten die Brückenanlagen so umgestaltet werden, daß das Neigungsverhältnis zwischen Schiff, Brücke und Land maximal 1:40 betrug. Das erreichte man dadurch, daß vor die erste Brücke noch eine zweite Brücke mit Portal gesetzt wurde. In Abhängigkeit vom Wasserstand ließ sich die Neigung jetzt auf die beiden Teilbrücken verteilen.

Schon ein Jahr nach der Inbetriebnahme des neuen Schiffs war klar, daß die SASSNITZ nicht ausreichte. Deshalb lieferte die Werft in kurzen Abständen drei weitere Fähren: PUTBUS, RÜGEN (II) (1902) und BERGEN (1906). Diese Schiffe konnten vier D-Zugwagen der damaligen Bauart befördern. Bis zur Inbetriebnahme der Fährverbindung Saßnitz–Trelleborg entsprach die Fährverbindung den Anforderungen. Jetzt aber erreichte das Aufkommen Spitzenwerte, wozu außerdem der Bäderverkehr beitrug. Die Vorbereitung und der Ausbruch des Ersten Weltkriegs sowie die Nachkriegskrisenjahre sorgten dafür, daß der an sich dringend notwendige Brückenbau immer wieder verschoben wurde. Dagegen bekam die Schichau-Werft in Elbing 1919 den Auftrag, ein weiteres Fährschiff, die ALTEFÄHR, zu bauen.

Mitte der 20er Jahre versagten die Fähranlagen den Dienst. Bis zu 90mal pendelten die Fähren täg-

Der Bahnhof Altefähr um 1907. Links befinden sich die Fähranlagen. Foto: Sammlung Krentzien

Eine der letzten Fahrten des Fährschiffes RÜGEN im August 1936 auf der alten Trajektlinie.
Foto: Nellemann

lich zwischen beiden Ufern. Zeit für Pflege und Wartung blieb da kaum. Die Rekonstruktion der Anlagen kam einem Neubau nach Saßnitzer Muster gleich. Die letzte Aufstockung erlebte der Fährbetrieb durch die Verlängerung der Fährschiffe BERGEN (1927) und ALTEFÄHR (1930/31). Nun konnten pro Fahrt vier Schnellzugwagen neuerer, längerer Bauart befördert werden.

Den Fährverkehr über den Strelasund sah man von Anfang an als Provisorium an. Daß er sich fast 60 Jahre bei einer ungeahnten Verkehrssteigerung halten würde, war allerdings nicht vorauszusehen. Ständig mußten Gleisanlagen und Gebäude erweitert und den neuen Bedürfnissen angepaßt wer-

Vierachsige preußische Abteilwagen während einer Trajektfahrt des Fährschiffes BERGEN nach Stralsund vor dem Ersten Weltkrieg.
Foto: Sammlung Krentzien

den. Das Empfangsgebäude Stralsund Hafen entwickelte sich zu einer Aneinanderreihung von häßlichen Schuppen, die durch Holzornamente verziert und so einander angeglichen wurden. Die Gleisanlagen beider Fährbahnhöfe hatten am Anfang nur wenige Gleise und Weichen. Bis 1936 benötigte man an beiden Seiten des Strelasunds Platz für je 24 Gleise und 36 Weichen. Der Bahnhof Stralsund Hafen besaß außerdem noch eine Slipanlage zur Unterhaltung der Fährschiffe. In Altefähr gab es einen Lokschuppen und eine 16-m-Drehscheibe.

Trotz dieser mehrfachen Erweiterungen wurde die Fährtechnologie nach 1925 immer mehr zu einem Hemmnis des Verkehrs. Die zunehmende Zugdichte, Verspätungen im Fährverkehr mit Schweden, Eis und Sturm und unvorhergesehene Zuglängen im Sommer führten dazu, daß sich Zug- und Fährfahrten gegenseitig behinderten und Verspätungen und Wartezeiten verursachten, die vielfach länger als eine Überfahrt waren. Schnellzüge bestanden damals oft aus zehn Wagen, die in drei Fährfahrten übergesetzt werden mußten.

Am 5. Oktober 1936 absolvierten die Fähren ihre Abschiedsfahrt über den Strelasund, blieben hier aber noch einige Zeit in Reserve. Als der Rügendamm seine Belastungsprobe bestanden hatte, konnten sie zum Fährverkehr über die Swine bei Swinemünde umgesetzt oder verkauft werden.

Als Anfang Mai 1945 der Rügendamm an zwei Stellen gesprengt wurde, erwog man, die alte Trajektlinie wiederherzustellen. Das in Stettin mit Kesselschäden liegende Fährschiff BERGEN hätte dafür genutzt werden können. Zudem bestand Schweden auf einer schnellen Wiederaufnahme des Fährverkehrs Saßnitz–Trelleborg. Das ging aber ohne den Rügendamm oder eine Strelasundfähre nicht. Auch eine Pontonfähre und schwimmende Fährbrücken waren im Gespräch. Als klar wurde, daß die Einrichtung eines Fährprovisoriums etwa acht Monate dauern würde, drängte die Besatzungsmacht aus militärischen Gründen auf eine schnelle behelfsmäßige Brückeninstandsetzung.

Der Rügendamm

Die heute als Rügendamm bekannte Schienen- und Straßenverbindung besteht aus einer Kombination von Brücken und Dämmen mit einer Gesamtlänge von fast 2 km.

1813 versuchte der schwedische Kronprinz Bernadotte erstmalig, Insel und Festland durch eine Brücke miteinander zu verbinden. Im Vorfeld der Völkerschlacht von Leipzig sollte, im Schutz der Festungsanlagen von Stralsund, eine Schiffsbrücke nach Rügen entstehen, als Fluchtweg für die schwedischen Truppen im Falle einer Niederlage. Fertig wurde die Brücke nur von Stralsund bis zur Insel Dänholm. Da Schiffsbrücken im vergangenen Jahrhundert auch für den Eisenbahnverkehr genutzt wurden, ist es nicht verwunderlich, daß 1875 dieser Plan erneut auftauchte.

Als 1841 mit den Plänen für ein deutsches Eisenbahnnetz auch die Einbeziehung der Insel Rügen eine Rolle spielte, entstand das Projekt für eine Rügenbrücke: Ein fester chausseeartiger Landweg sollte auf einem Damm, unterbrochen von einer doppelten Zugbrücke, die den Schiffen die Durchfahrt ermöglicht hätte, über den Strelasund geführt werden. Für die Eisenbahn war auf der Chaussee ebenfalls Platz vorgesehen.

Die Nordbahngesellschaft äußerte sich zu Details ihres Brückenplans von 1868 nicht.

Im Schinkelwettbwerb des Bundes Deutscher Architekten erhielt 1878 ein Projekt unter dem Titel „Brücke über einen Meeresarm" den 1. Preis. Dabei sollte bei Nutzung der Insel Dänholm eine Fachwerkbrücke mit Teilen von 180 m Stützweite zur Insel Rügen geführt werden.

Leider stellte der preußische Staat 1881 nicht die notwendigen Mittel für den Brückenbau zur Verfügung. Schließlich wurde nur die Einrichtung einer Fährverbindung genehmigt, nachdem auch Kompromisse abgelehnt worden waren, die eine Brücke Stralsund–Dänholm und eine Fährverbindung Dänholm–Rügen vorsahen.

In der Planungsphase der Postdampferverbindung Saßnitz–Trelleborg spielte der Brückengedanke stets eine besondere Rolle. Dringend wurde der Bau, als ab 1909 Eisenbahnfährschiffe die Li-

Der künftige Damm zwischen Stralsund und Altefähr wird aufgespült.
Foto: Sammlung Krentzien

nie Saßnitz–Trelleborg befuhren. Bürgervereine zur Förderung des Rügenbrückengedankens entstanden. Gutachten wurden angefertigt und Petitionen geschrieben.

Der Erfolg schien greifbar nahe, als der Erste Weltkrieg ausbrach und alle Hoffnungen zerstörte, die erst wieder auflebten, als in den 20er Jahren die deutsche Wirtschaft an Boden zurückgewann. Die Pläne dänischer und polnischer Skandinavienverbindungen und die Forderungen Schwedens, die Linie Saßnitz–Trelleborg attraktiver zu machen, sorgten für neue Ideen einer festen Verbindung zur Insel Rügen. So entstand um 1928 neben mehreren Brückenprojekten mit unterschiedlicher Linienführung auch ein Tunnelprojekt. Die Pläne für die heutige Damm- und Brückenkombination wurden ab 1929 entwickelt und 1931 bestätigt. Ein durchgängiger Damm wie zur Insel Sylt ließ sich im Strelasund nicht verwirklichen, weil es bei Sturmflut zu einem Wasserstau mit Überschwemmungsfolgen im Bereich Stralsund gekommen wäre.

Die Bauarbeiten begannen im Herbst 1931, also während der Weltwirtschaftskrise. Geldnot, auch im Zusammenhang mit der Entwertung der Schweden Krone, zwang schon bald zur Baueinstellung. Nach der Machtübernahme durch die Nationalsozialisten wurde der Bau fortgesetzt. Das war möglich, weil besonders die Erdarbeiten von gering bezahlten Arbeitskräften ausgeführt wurden. Daneben brachte der Rügendammbau den Nazis propagandistische Erfolge.

Die Kernstücke der Eisenbahnanlage sind der Bahnhof Stralsund Rügendamm, die rund 250 m lange Ziegelgrabenbrücke, die Anlagen auf der Insel Dänholm, der Strelasunddamm und die Strelasundbrücke sowie der neue Bahnhof Altefähr.

Um die neue Anlage in das bestehende Eisenbahnnetz einzubinden, waren umfangreiche erd- und wasserbauliche Arbeiten nötig. Der Kleinbahnhof in Altefähr mußte verlegt werden. Die Rügendammeisenbahnbrücken gehören zu den ersten vollgeschweißten Großbrücken der Welt und sind daher heute ein bedeutendes technisches Denkmal.

Montage der Ziegelgrabenbrücke im Jahre 1935.
Foto: Sammlung Krentzien

Das Empfangsgebäude des Bahnhofs Stralsund Rügendamm nach seiner Fertigstellung im Jahre 1936.
Foto: Sammlung Krentzien

78 172

38 1786

Die Ziegelgrabenbrücke mit der einmaligen Oberleitungsaufhängung im Frühjahr 1992. Foto: Krentzien

Ein Schnellzug in Richtung Stralsund auf der Ziegelgrabenbrücke um 1939, voran die damals im Bw Saßnitz beheimatete Lokomotive 78 172.
Foto: Sammlung Krentzien

Bis in die 60er Jahre ein tägliches Bild: „Preußen-Personenzug“ auf der Ziegelgrabenbrücke. Die Lokomotive rollt gerade über das 1947 montierte und bis 1961 vorhandene Behelfsbrückenteil, welches als Ersatz für das gesprengte Teil eingebaut wurde.
Foto: Sammlung Krentzien

Die Autos der Marke Trabant aus Sachsen wurden auch nach Norwegen exportiert und passieren 1964 in einem TEEM nach Saßnitz Hafen den Rügendamm. Foto: Sammlung Krentzien

Nach mehrfacher Verschiebung des Eröffnungstermins wurde der Zugbetrieb über die neue Brücke am 5. Oktober 1936 mit der Lokomotive 03 187 vor dem D 13 Berlin–Stockholm feierlich eröffnet.

Damit verkürzte sich die Fahrzeit der Züge auf dieser Strecke um eine Stunde. Wichtiger noch war die Erhöhung der Durchlaßfähigkeit bei größerer Pünktlichkeit.

Fast neun Jahre nach ihrer Einweihung sprengten deutsche Wehrmachtseinheiten am 1. und 2. Mai 1945 Teile der Rügendammbrücken an zwei Stellen, um die Flucht deutscher Armeeeinheiten in Richtung Dänemark über Saßnitz zu sichern. Rügen war wieder eine Insel ohne Landanbindung. Altersschwache Fährschiffe mußten den Personenverkehr notdürftig aufrechterhalten. Schiffsbrücken an den zerstörten Brückenteilen ermöglichten ab 1946 einen provisorischen Straßenverkehr. Die wichtige strategische Lage der Insel Rügen und auch der Druck Schwedens auf die sowjetische Besatzung für die Wiederherstellung der Fährverbindung Saßnitz–Trelleborg führten dazu, daß ab 9. Oktober 1947 wieder Züge nach Rügen fahren konnten. Dazu wurde die Klappbrücke repariert, und die beiden weggesprengten Brückensegmente ersetzte man durch militärische Behelfsbrücken. Dieses Provisorium mußte halten, bis 1961 Originalnachbauten der Brückenteile in zwei Sperrzeiten von 51 bzw. 69 Stunden eingesetzt wurden.

In den darauffolgenden 20 Jahren hatte der Rügendamm einen ständig wachsenden Zugverkehr zu verkraften. Den größten Anteil daran hatten der kontinuierlich steigende Güterverkehr nach Skandinavien und seit 1986 der Fährverkehr Mukran–Klaipeda (Memel).

Den Fährverbindungen ist es zu verdanken, daß die Hauptstrecken auf der Insel und so auch der Rügendamm bis 1987 elektrifiziert wurden.

Bei Untersuchungen in den 80er Jahren lautete die Diagnose: Materialermüdung der geschweißten Brückenkonstruktion. Die gesamte Brücke mußte ausgewechselt werden. Die Öffentlichkeit erfuhr offiziell lange nichts von diesem Problem, obwohl es Langsamfahrstellen deutlich dokumentierten. Feierlichkeiten zum 50jährigen Bestehen des Rügendamms gab es 1986 nicht. Es wurde von einem zweigleisigen Neubau gesprochen und auch wieder von Behelfsvarianten, wenn die Schäden bis zur Reparatur zu groß werden sollten.

Schließlich bekam die Deutsche Reichsbahn trotz der wachsenden wirtschaftlichen Schwierigkeiten der DDR die Erlaubnis, neue Überbauten für die Brücken herstellen zu lassen, die von Mai 1990 bis 1992 montiert wurden. Der DR-Stahlbau Des-

Der Schnellzug Malmö–Berlin auf dem Rügendamm bei Altefähr Anfang der 60er Jahre.
Foto: Sammlung Krentzien

sau fertigte die Brückenteile und ließ sie auf dem Betriebsgelände des Fährhafens Mukran konservieren und montieren, um sie anschließend auf dem Seeweg nach Stralsund zu transportieren.

Während bei der Reparatur 1961 die Brückenteile eingeschwommen wurden, sind sie 1990 und 1991 mit Kränen eingesetzt worden. Seit dem Fahrplanwechsel im Sommer 1992 wird der gesamte Rügendamm mit 90 km/h befahren. Das entspricht einer Durchlaßfähigkeit von etwa 140 Zügen pro Tag. Dadurch ist es möglich, den Eisenbahnverkehr nach Skandinavien über Rügen bedeutend auszubauen.

3 Von Altefähr nach Saßnitz

Von Stralsund kommende Schnellzüge halten heute nicht mehr in Altefähr, dem ersten Bahnhof der Insel Rügen. Züge der Gegenrichtung müssen nur dann warten, wenn der eingleisige Streckenabschnitt über den Rügendamm durch Zugfahrten blockiert ist.

Bei einem Blick in Richtung Altefähr kann der Eisenbahnfreund die Reste des früheren Fährbahnhofs Altefähr erkennen: Teile des Fähranlegers, das Empfangsgebäude und ein Eisenbahnerwohnhaus. Hier war der Ausgangspunkt der ersten Eisenbahnstrecke Rügens. Der zunächst kleine Bahnhof wuchs bis 1936 auf eine stattliche Größe mit Gleisanlagen zur Zugbildung und -auflösung, hatte einen Lokbahnhof des Bahnbetriebswerks Saßnitz mit zweiständigem Lokschuppen und 18-m-Drehscheibe und war Ausgangspunkt der Schmalspurbahn nach Göhren über Putbus. Mit Fertigstellung des Rügendamms entstand der neue, für den Durchgangsverkehr gedachte Bahnhof im Winkel von 45° zu der alten Anlage. Auch der Bahnhof der Kleinbahn mußte neu aufgebaut werden.

Die Baukosten der ersten Eisenbahn auf Rügen sollten möglichst gering sein. Deshalb mußten Grundstücksdurchschneidungen und umfangreiche Erdarbeiten möglichst vermieden und die Zahl der niveaugleichen Kreuzungen in Grenzen gehalten werden. Die Bahn folgte, wo es möglich war, der heutigen B 96 Altefähr – Bergen (Rügen). Dieser Parallelverkehr von Schiene und Straße zeigt heute in eindrucksvoller Weise die Vorteile der Eisenbahn auf Rügen. Während die Autos oft im Stau vor Stralsund Stück für Stück weiterrücken, hat der Zug freie Fahrt. Der zweigleisige Ausbau dieses Streckenabschnitts begann schon während des Ersten Weltkriegs und wurde dann schrittweise weitergeführt. 1939 lag das zweite Gleis zwischen Rambin und Bergen (Rügen). Von 1946 bis 1975 war die Strecke wieder eingleisig. Seit 1982

Einfahrt in den Bahnhof Altefähr hat der D 14 aus Saßnitz im Jahre 1932. Rechts ein abfahrbereiter Personenzug in Richtung Saßnitz. Foto: Nellemann

Das Bahnhofsgebäude in Samtens ist bis heute weitgehend im Ursprungszustand erhalten geblieben. Foto: Krentzien

SAMTENS

liegt das zweite Gleis durchgängig zwischen Altefähr und Bergen (Rügen). Von den ursprünglich drei Bahnhöfen dieses Streckenabschnitts ist heute nur Samtens übriggeblieben. Aus den Bahnhöfen Rambin und Teschenhagen sind Haltepunkte und Blockstellen geworden.

Der Bahnhof Bergen (Rügen) lag ursprünglich fast 1 km von der Stadt entfernt in einer Ebene. Erst nach dem Bahnbau wurde die Baulücke zwischen Stadt und Bahnhof geschlossen.

Von Anfang an war klar, daß die Strecke Stralsund–Bergen (Rügen) nur der Anfang eines Eisenbahnnetzes auf Rügen sein konnte. Schon 1881, zwei Jahre vor der Eröffnung der ersten Inselbahnstrecke, sprach man im Putbusser Schloß über den Weiterbau der Eisenbahn. Wichtig war dabei die Abhängigkeit der wirtschaftlichen Entwicklung von den Transportmöglichkeiten für die Produkte besonders der Land- und Forstwirtschaft. Fast ein Jahrzehnt bewegte die Entscheidung für eine günstige Streckenführung und ihren Endpunkt die Gemüter: Bergen (Rügen)–Saßnitz oder Bergen (Rügen)–Arkona. Der Endpunkt der Bahn sollte auf jeden Fall bei einem noch zu bauenden Hafen liegen. Dabei war Arkona wegen seiner günstigen Lage für den Ostseeschiffsverkehr schon seit Jahrzehnten der eindeutige Favorit. Allerdings war diese Variante auch die teuerere.

Ein Personenzug erreicht den Schrankenposten 15 bei Bergen im Jahre 1957. Der Pkw der Marke EMW wurde in Eisenach gebaut. Foto: Dreyer

Die Hochbauten des Normalspurbahnhofes Bergen vor dem Ersten Weltkrieg. Foto: Sammlung Krentzien

Anläßlich des 100jährigen Bestehens der Teilstrecke Altefähr–Bergen gelangte 1983 die Museumslokomotive 74 1230 mit Traditionswagen der Deutschen Reichsbahn u. a. nach Bergen. Foto: Krentzien

Seit 1883 hatte der schiffahrtliebende deutsche Kaiser sein Interesse für Saßnitz entdeckt. Probefahrten der in Stettin gebauten kaiserlichen Kriegsschiffe fanden oft in der Bucht vor Saßnitz statt.

Bergen.
Nach Stralsund
Bahnhof Bergen a. Rügen

1230

Diese originelle Fotomontage mit „Phantasiefahrzeugen“ vom Bahnhof Lietzow stammt aus dem Jahre 1909. Foto: Sammlung Krentzien

Der „Meridian“ Berlin–Saßnitz Hafen erreicht am km 276,2 mit der Lokomotive 030 048 des Bw Stralsund den höchsten Punkt der Strecke Berlin–Saßnitz. Foto: Krentzien

Als SVT der Bauart Görlitz fährt im August 1984 der D 1310 Berlin Zoologischer Garten–Saßnitz Hafen, hier vor der Silhouette von Sargard. Foto: Krentzien

Seit 1878 befuhren Seebäderschiffe in der Saison regelmäßig die Linie Stettin–Saßnitz/Reede–Bornholm und nach Kopenhagen. Mehr und mehr entdeckten Badereisende die Ostküste Rügens als Urlaubsparadies. Für die Rohstoffe Kreide und Holz mußten Abfuhrmöglichkeiten geschaffen werden. Es kam zu zahlreichen Schiffshavarien an der Ostküste der Insel, weil für die Schiffahrt kein günstig gelegener Schutzhafen vorhanden war. Diese Gründe dürften dazu geführt haben, daß 1889 mit dem Bau des Saßnitzer Hafens begonnen wurde. Die Entscheidung, hierher auch die Bahn zu bauen, ließ dann nicht lange auf sich warten.

Wenige Jahre nach seiner Eröffnung wurde der Bahnhof Bergen (Rügen) wieder zur Baustelle. Durch die Errichtung der Bahnen nach Putbus (1889)/Lauterbach (1890) und Saßnitz entstand aus einem Endbahnhof ein Durchgangsbahnhof mit abzweigender Strecke. Damit verbunden waren die Erweiterung des Empfangsgebäudes und der Neubau des Lokschuppens.

Die Strecke Bergen (Rügen)–Saßnitz senkt sich nach Verlassen des Bergener Bahnhofs bei Kurven und Gegenkurven mit einer Neigung von 1:100

132 186-8

Schnellzug „Berlinaren“ Malmö–Berlin im Winter 1986 bei Bergen. Der zweite Wagen hinter der Lokomotive verkehrt zwischen Stockholm und Moskau. Foto: Krentzien

bis fast in Meeresspiegelhöhe des Jasmunder Boddens. Hier gab es bis 1946 den Kreuzungsbahnhof Sabitz mit einem Stellwerk und einem Beamtenwohnhaus. Als Küstenbahn folgt sie dann dem Ufer des Boddens. Durch diese malerische Landschaft führt die auch weiterhin kurvenreiche Strecke bis kurz vor Lietzow. Dann wird der Jasmunder Bodden auf einem Damm überquert, der durch zwei Schleusenöffnungen zur Verbindung des Großen und Kleinen Jasmunder Boddens unterbrochen wurde. Die eine Schleuse diente bis 1936 dem Schiffsverkehr. Eine Eisenbahndrehbrücke und eine Straßenklappbrücke erlaubten die Durchfahrt von Schiffen bis zu einer Breite von 5,50 m. Schon vor dem Dammbau im vorigen Jahrhundert hatten die Fischer vor einer Verlandung des Kleinen Jasmunder Boddens gewarnt. Sie sollten recht behalten. Den Schiffsverkehr gibt es heute nicht mehr, weil das Fahrwasser zu flach geworden ist. Die Brücken wurden 1936 zunächst festgelegt und 1960 durch Betonkonstruktionen ersetzt. Die bis heute eingleisigen Brücken über diese Wasserverbindungen sind der Grund dafür, daß die (seit 1982) zweigleisige Strecke vor dem Bahnhof Lietzow endet. Ein zweigleisiger Ausbau der Brückenabschnitte war zwar vorgesehen, ist aber bis heute nicht verwirklicht worden. Bei der Elektrifizierung der Strecke wurde der Fahrdraht für die noch fehlenden Überbrückungen aber schon gespannt.

Der Bahnhof Lietzow entstand ausschließlich auf im Bodden aufgeschüttetem Baugrund. Schilf ist noch immer an gleisfreien Stellen des Bahnhofs zu sehen.

Der ursprüngliche Durchgangsbahnhof Lietzow erlebte seit 1891 drei Umbauten. Zunächst gab es dort ein durchgehendes Hauptgleis, ein Kreuzungsgleis und ein Ladegleis. Als 1937 mit dem Bahnbau Lietzow–Binz (–Göhren) begonnen wurde, erweiterte man die Gleisanlagen beträchtlich, und zwar auf neu zugeschütteten Teilen des Kleinen

Jasmunder Boddens. Mit dem Bau des Fährhafens Saßnitz-Mukran wurden die Gleisanlagen erneut erweitert. Noch heute erinnert der Bahnhof an sein unorganisches Wachsen. Oberhalb des Bahnhofs liegt das schlößchenartige Haus Lichtenstein (auch Schloß Lichtenstein genannt). Der Bauleiter der Strecke nach Saßnitz, Bopp, ließ es 1891 bauen. Am Vorabend der Inbetriebnahme der Bahn fanden hier die Eröffnungsfeierlichkeiten statt, die mit einem großen Feuerwerk abgeschlossen wurden.

Im Bahnhof Lietzow zweigt die dem Bodden folgende Strecke nach Binz ab. Die Strecke in Richtung Saßnitz windet sich bei ständiger Steigung weiter durch die hügelige, zum Teil sumpfige Landschaft. Bei der Ortschaft Saiser nähert sich die Bahn wieder der B 96. Hier gab es bis 1986 eine hölzerne Feldwegbrücke.

Bei der Abzweigung Borchtitz beginnt die Strecke zum Fährhafen Saßnitz Mukran, der 1986 für die Fährlinie Mukran–Klaipeda (Memel) errichtet wurde. Ein 1986 abgerissenes Stellwerk erinnerte viele Jahre an die nicht vollendete militärische Eisenbahn Borchtitz–Glowe (siehe Abschnitt 9).

Der Durchgangsbahnhof Sagard hatte seit sei-

Die Saßnitzer Drehscheibe im Februar 1979. Nach dem Ende des Planeinsatzes der Baureihe 03^0 wurde diese Maschine auf Kohlefeuerung umgebaut und in den Traditionsfahrzeugpark der Deutschen Reichsbahn aufgenommen. Foto: Krentzien

Die Lokomotive 41 075 des Bw Stralsund Anfang der 60er Jahre am Wasserkran auf dem Bahnhof Saßnitz. Foto: Sammlung Krentzien

Drei Traktionsarten im Jahre 1989 in Saßnitz. Foto: Krentzien

03 0010-3

41 075

nem Bestehen große Bedeutung für den Umschlag von Kreide und Kreideprodukten der nahegelegenen Kreidewerke sowie von landwirtschaftlichen Erzeugnissen der Halbinseln Jasmund und Wittow. Der Bahnhof war bis in die 60er Jahre ein Umschlagbahnhof eines ursprünglich weit verzweigten Kreidebahnnetzes.

Beim Bahnhof Lancken erreicht die Linie mit 70 m über NN den höchsten Punkt zwischen Berlin und Saßnitz, um dann mit einer Neigung von 1:70 in den 30 m tiefer gelegenen Bahnhof Saßnitz zu gelangen. Das heutige Saßnitz entstand 1904 durch die Zusammenlegung der Orte Saßnitz und Crampas und erhielt erst 1957 Stadtrecht. Deshalb findet man auf älteren Karten oft die Bahnhofsbezeichnung Crampas/Saßnitz.

Am 1. Juli 1891 fuhr der erste planmäßige Zug bis hierher. Die Lokomotive trug ein Schild mit der Aufschrift: „Mit Gott per Dampf quer durch die Insel". Am ersten Tag konnten die Züge kostenlos be-

Der „Meridian" Belgrad–Malmö unter der Spannbetonbrücke der heutigen Bundesstraße 96 bei Sargard im Jahre 1979.
Foto: Krentzien

Blick von der Fußgängerbrücke des Bahnhofs Bergen in Richtung Stralsund, 1988. Foto: Krentzien

Um die Jahrhundertwende präsentieren sich die Gleisanlagen des Bahnhofs Saßnitz noch ausschließlich in einer Kiesbettung. Foto: Sammlung Krentzien

nutzt werden. Dieser Bahnhof war acht Jahre lang Endpunkt der Strecke, obwohl bei seiner Eröffnung schon feststand, daß ein Weiterbau zum Hafen notwendig war. Entsprechend der Bedeutung des Bahnhofs für den internationalen Verkehr und den Bäderverkehr entstand hier ein stattliches Empfangsgebäude mit Güterschuppen. Im Bw Saßnitz waren zur Dampflokzeit die auf Rügen eingesetzten Lokomotiven beheimatet. Dazu diente der nach

52 8132-4

Sassnitz a. Rügen
Bahnhof

Im Jahrhundertwinter 1978/79 verkehrte u. a. die Stralsunder Lokomotive 03 0080 vor dem „Meridian“ Belgrad–Malmö, hier bei Saiser zwischen Lietzow und Sargard. Foto: Krentzien

und nach bis auf sieben Stände ausgebaute Lokschuppen. Die dort vorhandene 18-m-Drehscheibe wurde nach 1960 abgebaut. Eine um 1960 gebaute 23-m-Drehscheibe ist noch heute außerhalb des Bahnhofs in Richtung Lancken vorhanden.

Im Herbst 1891 hatte der Stettiner Postdampfer FREYA eine Probefahrt von Saßnitz nach Trelleborg unternommen, die sehr erfolgreich war und zum Entstehen einer Postdampferlinie führen sollte. Die Vorbereitungsarbeiten für die Aufnahme des internationalen Verkehrs zogen sich jedoch in die Länge, da der Hafen zunächst einen Bahnanschluß bekommen mußte.

Ursprünglich sollte die Hafenbahn über den Saßnitzer Bahnhofskopf hinaus in einem weiten Bogen zum Hafen geführt werden. Da dieses Projekt zu

Lokomotive 78 450 nach der Fahrt durch einen Schneesturm am 10. Februar 1929. Der Lokomotivführer beschriftete die Aufnahme, sein Heizer ergänzte „De Olt“ (der Alte).
Foto: Sammlung Krentzien

teuer war, entstand die heutige Hafenstrecke mit einem Gefälle von 27 ‰ bei einer Länge von fast 2 km. Das gesamte Hafenbahnhofsgelände mußte in der Ostsee aufgeschüttet werden. Die Gebäude errichtete man als leichte Fachwerkbauten mit Pfahlgründung. Am 1. Mai 1897 konnte der Postdampferbetrieb nach Schweden aufgenommen werden. Seit dieser Zeit verkehrten auf Rügen mit den Zügen D 13/D 14 und D 17/D 18 (seit 1898) internationale Schnellzüge. Der Erfolg dieser Verbindung führte dazu, daß die Strecke Stralsund–Saßnitz im Jahre 1904 zur Hauptbahn erklärt wurde.

4
Von Saßnitz nach Trelleborg

Mit dem Postdampfer über die Ostsee

Der 29. April 1897 war ein festlicher Tag für die Insel Rügen. Besonders die Bewohner von Crampas und Saßnitz waren zufrieden. Die internationale Postdampferlinie Saßnitz – Trelleborg wurde eröffnet. Vertragspartner dieses Verkehrswegs waren die Postverwaltungen des Kaiserreichs Deutschland und des Königreichs Schweden, die Königlich Preußische Eisenbahn-Verwaltung, die Königlich Schwedische Eisenbahn und die Reederein Sverige Kontinenten sowie J. F. Bräunlich, Stettin.

Mit der Eröffnung dieser Skandinavienlinie wurde die Postdampferverbindung Stralsund – Malmö eingestellt. Die planmäßige Seefahrtzeit über die Ostsee verkürzte sich um die Hälfte auf etwa 4,5 Stunden. Die Unregelmäßigkeiten im Schiffsverkehr wurden geringer, denn die Zufahrt zum Stralsunder Hafen mit ihren Untiefen hatte nicht selten zu Verspätungen beigetragen.

Die Idee einer direkten Schiffslinie von Rügen nach Skandinavien als Anschlußverbindung zur Bahn hatte es schon 1858 gegeben, als in militärischen Kreisen über einen Marinehafen im Großen Jasmunder Bodden gesprochen wurde. Dieser Hafen sollte in Friedenszeiten als Postdampferhafen genutzt werden.

Nach dem Deutsch-Dänischen Krieg 1864 verlor dieses Projekt an Bedeutung. Die Pläne der Nordbahngesellschaft, ihren Handelshafen bei Arkona zu bauen, blieben ebenfalls nur auf dem Papier, obwohl noch 1881 der Fürst von Putbus erklärte: "Der Hafen bei Arkona ist nicht nur eine politische, sondern auch eine geographische Notwendigkeit. Es besteht kein Zweifel, daß der ganze Handelsverkehr von Schweden und Dänemark sich dorthin konzentrieren wird.“

Der Hafen mit Bahnanschluß entstand nun bei Saßnitz. Damit war die internationale Rolle der Eisenbahn Stralsund–Saßnitz vorausbestimmt. Die Zeitungen waren sich damals einig, als sie 1891 schrieben, daß die im Bau befindliche Strecke nach Saßnitz ein wichtiges Glied einer direkten Verkehrsroute zwischen Deutschland und Schweden sowie Norwegen zu werden verspricht. Die Linie könnte so eingerichtet werden, daß die Tour zwi-

Bahnhof Saßnitz Hafen um 1910, vorn das Fachwerkempfangsgebäude, am Bahnsteig das Schmalspurgleis der Gepäckbahn. Der schwedische Dampfer SEVA beim Anlegen. An der Brücke im Hintergrund liegt der deutsche Postdampfer IMPERATOR.
Foto: Sammlung Krentzien

schen Berlin und Stockholm täglich über das ganze Jahr hindurch in 24 Stunden zurückgelegt werden kann.

Bis zur Eröffnung des internationalen Verkehrs mußte man sich aber noch bis 1897 gedulden. Die bürokratischen Hemmnisse auf preußischer und schwedischer Seite verzögerten lange Zeit die Bauarbeiten.

Der ab 1. Mai 1897 gültige Staatsvertag zwischen Schweden und Preußen legte fest:

– Die Linie Saßnitz–Trelleborg wird täglich in jeder Richtung einmal befahren. Dabei sind Zuganschlüsse in Richtung Stockholm bzw. Berlin garantiert. Bei Schiffsverspätungen sollen die Reisenden in Nachzügen befördert werden.
– Die Fahrpläne sind nach Beschlüssen der internationalen Fahrplankonferenzen zu gestalten.
– Die Tarife bestimmt der Vertrag: Fahrgeld und Gepäckabrechnung im Deutsch-Österreichisch-Schwedisch-Norwegischen-Eisenbahnverband, ebenfalls vom 1. Mai 1897.

Besondere Verdienste für diese neue Linie erwarb sich der kurz vor Eröffnung der Postdampferlinie verstorbene Preußische Generalpostmeister Heinrich von Stephan.

Die Ausmaße, die der Eisenbahnverkehr zum Saßnitzer Hafen einmal annehmen sollte, ahnte man 1897 noch nicht. Man rechnete mit wenigen Zügen, die nur aus einigen Wagen bestehen.

Die in starker Neigung verlegte Verbindungsbahn von Saßnitz zum Hafen und die äußerst einfachen Gleisanlagen waren Ausdruck dieser Prognose. Zunächst sollten Drehscheiben als Gleisverbindungen genutzt werden, um die Baulänge des Bahnhofs so gering wie möglich zu halten. Bis heute müssen die Züge auf der seit 1987 elektrifi-

Die Titelseite eines Kursbuches der Saßnitz-Trelleborg-Linie.
Repro: Krentzien

Das Gelände des heutigen Fährhafens Saßnitz im Jahre 1878. Links das Saßnitzer Warmbad. Heute steht an gleicher Stelle das Stellwerk des Bahnhofes Saßnitz Hafen.
Foto: Sammlung Krentzien

Der deutsche Postdampfer ODIN – ein Vorläufer der Eisenbahngüterfähren vor 1910. Foto: Sammlung Krentzien

zierte Steilstrecke mit mindestens zwei Triebfahrzeugen befördert werden.

Eine Besonderheit der Anlage war die schmalspurige Gepäckbahn mit Gleisanlagen auf dem Bahnsteig, dem Kai, den Anlegebrücken und der Hafenmole. Über diese Bahn konnten das Reisegepäck und leichtere Güter vom Eisenbahnwagen zur Zollkontrolle und dann zum Schiff und umgekehrt befördert werden. Besondere Gleise und Wagen waren für die Versorgung der Dampfschiffe mit Kohle vorhanden.

Schon nach einem Betriebsjahr wurde den Verantwortlichen klar, daß sie zu klein geplant hatten.

Seit 1898 wurde die Schwedenverbindung zweimal täglich befahren und dazu die Nachtverbindung Saßnitz–Berlin eingerichtet. Im Jahre 1902 testete man bei diesen Nachtzügen die neue elektrische Zugbeleuchtung. Von Berlin bis Stralsund erzeugte eine Dampfturbine auf der Lokomotive den Strom. Zugleich wurden Akkumulatoren im Gepäckwagen des Zuges aufgeladen, die die Elektrizität für die Wagenbeleuchtung auf dem Streckenabschnitt Stralsund Hafen–Saßnitz Hafen lieferten. Die Lokomotiven der preußischen Gattung T3, die auf Rügen zunächst Schnellzüge beförderten, konnten nämlich keinen Strom erzeugen.

Besonders seit Eröffnung der mecklenburgischen Eisenbahnfährverbindung Warnemünde–Gedser machte man sich in Preußen Sorgen über die Konkurrenzfähigkeit der eigenen Skandinavienverbindung über Saßnitz. Vor allem im Güterverkehr entstanden Nachteile, weil alle Waren in Saßnitz bzw. Trelleborg umgeladen werden mußten. Obwohl dazu Dampf- und später Elektrokräne zur Verfügung standen, führte das zur Beschädigung der Güter und zu Schiffsverspätungen, wenn die Arbeit nicht in der planmäßigen Schiffsliegezeit geschafft werden konnte.

Überschattet wurde die Entwicklung dieser Eisenbahn-Schiffsverbindung durch die Strandung des schwedischen Postdampfers REX im Februar 1900, bei der fünf Frauen und ein Matrose ums Leben kamen.

Seit 1904 machte man sich ernsthaft Gedanken, wie die Postdampferverbindung durch eine Eisenbahnfährverbindung ersetzt werden könnte.

Salonschnelldampfer „Odin“
ODIN
hier haben wir gegessen
und Königskuchen
gegessen.
Gruß Vera.

5 Mit der Eisenbahnfähre über die Ostsee nach Trelleborg

Geschichtliches

Am 11. März 1904 bekam der Königliche Regierungspräsident zu Stralsund einen Brief der Stralsunder Handelskammer mit folgendem Inhalt: „Wiederholt wird Klage darüber geführt, daß die Beförderung von Gütern über Saßnitz nach Trelleborg und umgekehrt eine mangelhafte ist ...“. Deshalb wurde vorgeschlagen, die Postdampferlinie Saßnitz–Trelleborg in eine Eisenbahntrajektlinie umzuwandeln. Bereits seit 1898 wurde dies von der schwedischen Seite erwogen.

1906 ließ der preußische Staat eine Denkschrift erarbeiten, in der die Bedeutung einer solchen Verbindung untersucht, Standorte für den Fährhafen vorgeschlagen und der Umfang der Investitionen errechnet wurden. In dieser Zeit stammten 38 % der schwedischen Importe aus Deutschland. Bei der Einfuhr von Industrieerzeugnissen stand Deutschland sogar an erster Stelle. In dieser Untersuchung trat auch zutage, daß für den Gütertransport nach Schweden die längere, aber durch den Eisenbahnfährverkehr günstigere Strecke über Warnemünde–Gedser den Vorrang hatte. Um mit den Postdampfern die gleiche Leistungsfähigkeit der Fährschiffe zu erreichen, hätte man zwischen Saßnitz und Trelleborg bedeutend mehr Schiffe einstellen müssen, weil durch das Umladen viel effektive Zeit verlorenging.
Die neue Fährverbindung sollte an Leistungsfähigkeit und Komfort die Konkurrenzlinien übertreffen. Einen großen Raum bei den Vorverhandlungen nahm bis kurz vor Abschluß des Staatsvertrags mit Schweden die Suche nach einem günstigen deutschen Fährhafen ein. Dabei spielten neben ökonomischen auch lokalpolitische Interessen eine Rolle. Von Warnemünde war es zu weit nach Trelleborg. Außerdem lag dieser Ort in Mecklenburg. Fährhafenprojekte gab es für Zingst, Barhöft bei Stralsund, Wolgast, Swinemünde, Kloster auf Hiddensee und Arkona. Der zuletzt genannte Standort schien der günstigste zu sein. Aus finanziellen Gründen entschied man sich aber doch für Saßnitz; den hier gab es schon einen Hafen mit Bahnanschluß.

Für den Fährverkehr sollten Deutschland und

Schweden einheitliche Schiffe anschaffen. Dabei gab es zunächst den Gedanken, Passagiere weiter auf gewöhnlichen Fahrgastschiffen zu befördern. Nur die Güter sollten auf den Eisenbahnfährschiffen übergesetzt werden. Ein Eisenbahnfährschiff kostete nämlich doppelt so viel wie ein Passagierdampfer.

Unter dem Druck Schwedens entschied man sich doch für den Bau von je zwei deutschen und schwedischen Fährschiffen mit einheitlichen Grundmaßen.

Am 7. Mai 1908 kam es zum Abschluß des Staatsvertrags zwischen beiden Ländern. Danach konnten die Bauarbeiten beginnen, die in nur einem Jahr abgeschlossen sein sollten. In dieser kurzen Zeit mußten neben reinen wassserbautechnischnen Bauten die Gleis- und Fähranlagen geschaffen werden. Erneut war das Gelände hierzu durch Aufschütten und Abtragen des Hochufers zu gewinnen. Beim Projektieren der Fähranlagen nutzte man die in Stralsund gesammelten Erfahrungen. Im Gegensatz zur Linie Warnemünde–Gedser konnten hier Eisenbahnwagen jeder Bauart befördert werden, weil die Brechungswinkel zwischen Land und Schiff bei jedem Wasserstand gering gehalten werden konnten. Wegen des ungünstigen Baugrunds entstanden auch hier alle Bauten auf Pfahlrostgründungen. Ebenso bestanden Teile der Fährbecken ursprünglich aus Holz. Auf ein spezielles Empfangsgebäude an den Fähranlagen konnte man zunächst verzichten, da der Personen- und Gepäckverkehr fast ausschließlich in Kurswagen stattfand. Um das Umsteigen von den Bäderschiffen auf die Fährschiffe zu erleichtern, wurde die Gepäckbahn vom Empfangsgebäude des Postdampferhafens zur Fähranlage verlängert. Zur Versorgung der Fährschiffe entstand ein Kohlenlager mit Kohlekränen und Kohletransportwagen. Auf der Mittelzunge zwischen beiden Fährbecken stand ein umgestaltetes Hauptsignal mit je einem nach rechts und links zeigenden Flügel. Hiermit ließ sich die Einfahrt in das eine oder das andere Fährbekken signalisieren. Die Linie Saßnitz–Trelleborg besaß als eine der ersten Schiffslinien der Welt ab 1911 Funkanlagen zur Verständigung der Schiffe untereinander und mit den beiden Landstationen.

Werbung für die Linie Saßnitz–Trelleborg aus dem Jahre 1910.
Repro: Sammlung Krentzien

Dazu gab es in Saßnitz und in Stubbenkammer je zwei 50 m hohe Funktürme. Die Anlagen in Stubbenkammer sind funktionslos noch heute vorhanden.

Die Gleisanlagen des Bahnhofs Saßnitz Hafen entsprachen dem erwarteten Verkehrsaufkommen von 15 Güterwagen pro Tag (zum Vergleich 1989: 500 bis 660 Güterwagen je Tag und Richtung). Zwei D-Zugpaare sollten täglich hier verkehren. Für den Einsatz nach Schweden und Norwegen be-

Drei Fährschiffe im Saßnitzer Hafen um 1930. Rechts die DEUTSCHLAND an der Reserve-Liegestelle. Der Kohlebansen (links) enthielt Bunkerkohle für die Fährschiffe. Foto: Sammlung Krentzien

Bahnhof Saßnitz Hafen um 1909 kurz nach Aufnahme des Fährverkehrs. Foto: Sammlung Krentzien

Saßnitz Hafen 1934: Wagen des D 13 nach Malmö werden auf ein Schiff geschoben. Foto: Sammlung Krentzien

schafften die KPEV und die SJ neue Schlafwagen. Sie fuhren auf den Strecken Berlin–Stockholm und Hamburg–Oslo. Eine Besonderheit waren die kombinierten Schlaf- und Sitzwagen mit Abteilen der I., II. und III. Klasse. Mit nur einem Wagen erfüllte man so die unterschiedlichen Komfortwünsche der Reisenden in verkehrsschwachen Zeiten und sparte außerdem Stellfläche auf den Schiffen. Aus dem gleichen Grund setzte man auch kombinierte Post-Gepäckwagen ein.

An der Eröffnungsfeier am 6. Juli 1909 nahmen der deutsche Kaiser und der schwedische König teil. Der planmäßige Betrieb begann am 7. Juli 1909 mit den deutschen Fährschiffen DEUTSCHLAND und PREUSSEN und dem schwedischen Fährschiff DROTTNING VICTORIA. Die zweite schwedische Fähre KONUNG GUSTAV V. kam ein Jahr später hinzu.

Die 113 m langen und 16,5 m breiten Schiffe besaßen zwei Gleise, auf denen acht Schnellzugwagen oder 16 bis 18 Güterwagen Platz fanden. Es gab ein System von Sicherungen, die je nach Witterung die Wagen auf dem Schiff gegen Abrollen und Umkippen schützen sollten.

Die Schiffe liefen über das Heck in den Hafen ein. Eine Bugöffnung empfand man als Sicherheitsrisiko bei Sturm und Eis auf der winterlichen Ostsee. Das Vorbild dafür waren die Fähren der nordamerikanischen Großen Seen. Die Schnellzugwagen ließen sich an das Heizungs- und Beleuchtungssystem der Fährschiffe anschließen. Die Passagiere konnten während der Überfahrt die großzü-

RKONA

Ostseebad Sassnitz a. Rügen, Eisenbahnzug auf
das Fährschiff fahrend.
Freigegb. R. L. M. Nr. E.

Fährschiffbedienung in Saßnitz mit einer Lokomotive der Baureihe 74 um 1930. Das einstöckige Zoll- und Empfangsgebäude entstand nach dem Ersten Weltkrieg.
Foto: Sammlung Krentzien

gig eingerichteten Salons und Speiseräume benutzen.

Nach der Überwindung von Kinderkrankheiten entwickelte sich der Verkehr in den Vorkriegsjahren so gut, daß man an den Bau eines dritten Fährbeckens und die Beschaffung eines Güterfährschiffs dachte. Dabei ist zu beachten, daß Dampffährschiffe nicht über längere Zeit rund um die Uhr fahren können. Wie auch Dampflokomotiven müssen sie zu Wartungsarbeiten am Kessel in einem bestimmten Rhythmus von Reserveschiffen vertreten werden. In den Hauptverkehrszeiten waren also mehr Schiffe erforderlich, als täglich im Einsatz waren.

Die neuen Schiffspläne waren gerade fertiggestellt, als der Erste Weltkrieg ausbrach. Der Fährverkehr wurde sofort für einige Zeit eingestellt. Die Marineverwaltung beschlagnahmte die deutschen Schiffe. Die schwedischen Fähren mußten aus Sicherheitsgründen den Hafen von Stockholm anlaufen. Die Hafeneinfahrt von Trelleborg wurde gesperrt, bis feststand, daß Schweden sich in diesem Krieg neutral verhalten würde. Der Krieg überraschte viele Zivilisten diesseits und jenseits der Ostsee. In Saßnitz und Trelleborg mit Zügen angekommen, warteten sie auf Möglichkeiten für ihre Heimkehr. Nach erfolgreichen Verhandlungen setz-

Reise- und Güterverkehr im Bahnhof Saßnitz Hafen während der Sommermonate des Jahres 1957. Foto: Dreyer

ten die Schwedischen Staatsbahnen den Dampfer MALMÖ zwischen beiden Häfen ein, bis nach und nach auch die Fähren wieder ihren Dienst aufnahmen. Minen und U-Bootangriffe in der Ostsee sorgten in den Kriegsjahren mehrfach für die Unterbrechung des Fährverkehrs. Der zivile Reiseverkehr ruhte in dieser Zeit. Der Warenverkehr ging jedoch in gewissem Umfang weiter. Schweden lieferte Deutschland Erze und Stahlprodukte und bekam von England Kohle.

Im Oktober 1914 begann auf der Fährlinie und den sie bedienenden Eisenbahnstrecken ein besonderes Kapitel des Eisenbahn- und Fährverkehrs. Über die Verbindung Saßnitz–Trelleborg und das neutrale Schweden gab es in den Kriegsjahren die einzige Verkehrsverbindung zwischen den Mittelmächten und Rußland unter Umgehung der Frontlinie. Trotz offiziellen Abbruchs aller diplomatischen Verbindungen zwischen den kriegführenden Parteien ließen sich auf dem Boden Schwedens Kontakte knüpfen und Absprachen treffen. So einigten sich hier die Feinde über den Austausch von schwerstverwundeten Kriegsgefangenen. Dieser Austausch begann am 16. August 1915, als der zum Lazarettschiff umgebaute schwedische Dampfer BIRGER JARL die ersten deutschen und österreichischen Verwundeten nach Saßnitz brachte, die aus russischen Gefangenenla-

Das Fährschiff TRELLEBORG (I) am 25. Juni 1968 in Saßnitz Hafen.
Foto: Sammlung Krentzien

gern kamen. Von jetzt an fuhren Lazarettzüge in regelmäßigen Abständen zwischen der finnischen Grenzstation Haparanda nach Trelleborg und zurück. Auf deutscher Seite bedienten die Züge die verschiedensten Lazarette in Deutschland und Österreich. In dem sonst vom Krieg verschonten Saßnitz spielten sich bei der Ankunft von Zügen und Schiffen erschütternde Szenen ab, wenn Angehörige ihre verkrüppelten Verwandten empfingen oder Menschen die Heimkehrer nach vermißten Angehörigen fragten. Oftmals waren die Menschen bei der Ankunft bereits tot. Die Kirchenbücher und Friedhöfe in Saßnitz und Trelleborg sind stumme Zeugen dieses traurigen Abschnitts in der Geschichte des Eisenbahnfährverkehrs auf der Insel Rügen.

Nach dem Krieg normalisierte sich der Verkehr. Die Fähren konnte Deutschland durch Unterstützung Schwedens von der Reparationsliste streichen lassen. Die Ablieferung von Lokomotiven und Wagen sowie der Kohlemangel beeinträchtigten die Fährfahrten trotzdem erheblich.

Wegen verschärfter Paß- und Visaformalitäten wurden bis 1928 keine Kurswagen mit der Fähre übergesetzt. Die Reisenden mußten umsteigen. Die Reiseformalitäten wurden in einem neuen einstöckigen Empfangsgebäude an den Fähranlagen erledigt.

Eine Neuerung im Personenverkehr mit Schweden war der ab 1925 verkehrende L 91/92 „Skandinavien-Schweiz-Express“. Dieser Zug bestand aus Luxusreisewagen und verkehrte zwischen Basel und Saßnitz einmal in der Woche in jeder Richtung.

Am Bahnsteig von Saßnitz Hafen steht im Jahre 1957 ein SVT der Bauart Leipzig, der damals zwischen Saßnitz und München verkehrte. Links das Fährschiff STARKE.
Foto: DR, Zentrale Bildstelle

Der Generationswechsel im Fährschiffeinsatz setzte den Umbau des gesamten Fährbahnhofs Saßnitz Hafen bei vollem Fährbetrieb voraus. Die Aufnahme entstand am 6. Juli 1959.
Foto: Sammlung Krentzien

Das Fährschiff SASSNITZ (I) läuft in den Hafen ein. Eine direkte Schnellzugverbindung Saßnitz–Hamburg gab es von 1909 bis zum Zweiten Weltkrieg und danach. Hier der Wagenpark, der um 1960 zwischen beiden Städten verkehrte. Nach mehrjähriger Pause wurde diese Verbindung 1992 wieder aufgenommen. Foto: Sammlung Krentzien

Die Winter 1924 und 1929 machten die Fährschiffahrt mit einem neuen Feind bekannt, dem Eis. In den beiden strengen Wintern bedeckte das Eis große Teile der Ostsee. Die Schiffe brauchten ein Mehrfaches der üblichen Überfahrtzeit oder blieben oft stecken. In den beiden Fährbahnhöfen stauten sich die Züge. Reisende mußten in den wenigen an der Küste ganzjährig geöffneten Hotels eine Unterkunft suchen und auf besseres Wetter warten. Der Auftrag für den Bau eines Eisbrecherfährschiffs sollte Abhilfe schaffen. Die 1931 in Dienst gestellte Eisbrecherfähre STARKE war das erste dreigleisige Schiff der Fährstrecke.

Als mit dem Projektieren des Rügendamms auch neue Pläne für das Eisenbahnverkehrsnetz der Insel entstanden, plante man erneut eine Verlegung des Fährhafens nach Arkona. Damit sollte die Seestrecke nach Schweden verkürzt werden. Man begann jedoch 1937 mit dem Bau einer Verbindungsbahn zum Saßnitzer Hafen, die von der Neubaustrecke Lietzow–Binz in Höhe Mukran abzweigen sollte. Die geplante Trasse entspricht dem heutigen Wanderweg von Mukran zu den Feuersteinfeldern. Mit Kriegsausbruch 1939 wurden die schon weit fortgeschrittenen Bauarbeiten eingestellt.

Der Zweite Weltkrieg sollte für die Fährlinie, ihre Schiffe und den Hafen Saßnitz nicht ohne Folgen bleiben.

Auch bei Ausbruch des Zweiten Weltkriegs wurde der Fährverkehr eingestellt, aber dann unter Kriegsbedingungen zunächst weitergeführt. Das neutrale Schweden mußte unter dem Druck Deutschlands Truppentransporte von und nach Norwegen über die Fährlinie und die Strecken der Schwedischen Staatsbahnen gestatten. Die deutschen Schiffe wurden zunächst in das Unternehmen „Seelöwe“ zum Überfall auf England vorbereitet. Mit zunehmender Kriegsdauer wuchsen auch die Unregelmäßigkeiten im Fährbetrieb. Im Februar 1942 lief das schwedische Eisbrecherfährschiff STARKE in der Höhe von Stubbenkammer auf eine Mine und mußte nach neunstündigen Rettungsversuchen aufgegeben werden. Das Fährschiff DEUTSCHLAND erhielt acht Monate später einen Torpedotreffer ins Achterschiff, konnte aber schwimmend den Hafen von Trelleborg erreichen.

Als sich die Niederlage Deutschlands abzeichnete, konnte es Schweden sich leisten, deutsche Truppentransporte über sein Territorium zu untersagen. Am 26. September 1944 verbot die schwedische Regierung deutschen Schiffen das Einlaufen in schwedische Häfen. Das bedeutete auch das Ende des Fährverkehrs nach Saßnitz bis 1948.

In den letzten Kriegsmonaten versuchte man, ab Saßnitz eine Fährverbindung nach Norwegen aufzubauen. Dabei wurden für militärische Zwecke Lo-

Das fünfgleisige schwedische Schiff GÖTALAND gehört zu einer Fährschiffgeneration, die ursprünglich fast ausschließlich für den Güterverkehr bestimmt war. Nach Umbauten kann das Schiff heute auch Passagiere befördern.
Foto: Sammlung Krentzien

komotiven der Baureihe 52 (NSB Typ 63a) transportiert. Das waren die letzten Eisenbahntransporte vor Kriegsende ab Saßnitz über See. Der Saßnitzer Hafen, seine Bahnanlagen und die Fährschiffe spielten von nun an eine entscheidende Rolle bei der Ende 1944 einsetzenden Flucht von Truppen und Zivilisten aus dem Osten in den Westen. Die Saßnitzer Fährschiffe operierten fast immer in Einzelaktionen in der Ostsee. Der Anlaufhafen zum Entladen von Flüchtlingen, Soldaten und Militärtechnik war nicht immer Saßnitz, dessen Bahnhof und Hafen von Flüchtlingstransporten wiederholt verstopft war. 60 000 Menschen und 22 Lazarettzüge warteten Ende Februar 1945 in Saßnitz und Umgebung auf den Transport in ein „sicheres" Kriegshinterland. Weil Personenwagen fehlten, hatte man Güterwagen mit Strohlagern hergerichtet, um die Menschen unterzubringen. Die Reede vor Saßnitz war außerdem zu einem „Abstellgleis auf See" für Flüchtlingsschiffe geworden, auf denen sich weitere 30 000 Menschen befanden, die auf das Umsteigen in Züge warteten. In dieser Situation griffen in der Nacht vom 6. zum 7. März 1945 insgesamt 150 „Lancaster"-Bomber an und warfen auf den Ort, das Bahngelände, den Hafen sowie die auf Reede liegenden Schiffe über 5 000 t Bomben ab. Im Fährbecken II lag das Lazarettschiff ROBERT MÖHRING mit 737 Verwundeten an Bord. Das Schiff bekam einen Volltreffer, der auch die Fähranlagen beschädigte. 353 Verwundete fanden allein auf diesem Schiff den Tod. Die

in den abgestellten Güterwagen eingepferchten Flüchtlinge verbrannten am lebendigen Leibe.

Unter dem Druck Schwedens auf die Sowjetische Militäradministration in Deutschland gab es schon 1945 Gedanken zur Wiederaufnahme des Fährverkehrs Saßnitz–Trelleborg nach Beseitigung der schlimmsten Kriegsschäden an Bahnhöfen und Gleisanlagen. Die ab Trelleborg befahrenen Ausweichlinien nach Warnemünde und Odra Port (damalige polnische Bezeichnung für Swine-

Die TRELLEBORG (II) ist das schwedische Flaggschiff der TS-Linie, hier im Jahre 1991. Foto: Krentzien

münde) waren zu lang und wegen der anfänglichen Minengefahr zu unsicher. Voraussetzung für die Wiederaufnahme des Fährverkehrs war die Wiederherstellung der Rügendammbrücken. Am 16. März 1948 schließlich konnte der Fährverkehr wieder aufgenommen werden. Dafür wurden die schwedischen Fähren DROTTNING VICTORIA, KONUNG GUSTAV V. und die wiederhergestellte und verlängerte STARKE genutzt. Die deutschen Schiffe erhielt die Sowjetunion als Reparationsleistung. Der D 13/14 verkehrte zunächst zweimal wöchentlich. Für die Benutzung im Binnenverkehr waren Berechtigungsscheine erforderlich.

In den Jahren 1952/53 mußte der Fährverkehr erneut ruhen. Im Zusammenhang mit der gespannten politischen Weltlage wurde Schweden der Fährverkehr zu der für die Sowjetunion strategisch wichtigen Insel Rügen zeitweise untersagt.

Seit den 50er Jahren war der Fährverkehr für die DDR ein wichtiger Devisenbringer und ein Repräsentationsobjekt. Für ihre Menschen war eine Fahrt mit der Fähre allerdings oft nur ein Traum. Viele Jahre war sogar die Benutzung der internationalen Schnellzüge nach und von Saßnitz untersagt. Ein zaghafter Versuch, trotzdem im Personenverkehr an alte Traditionen anzuknüpfen, war der „Saßnitz-Express" nach München mit Schnelltriebwagen der Bauart Leipzig. Im Güterverkehr gab es schon in den 50er Jahren einen gewaltigen Aufschwung. 1956 wurde mit drei Schiffen die gleiche Leistung erbracht, wie 1938 mit fünf Schiffen. Schweden und die DDR beschlossen deshalb den Ausbau der Fährverbindung durch den Neubau von Fähranlagen und Fährschiffen.

In Saßnitz entstand ein repräsentativer Fährbahnhof, quasi ein Eingangstor in die noch nicht international anerkannte DDR. Alle Umbauarbeiten fanden bei ständig laufendem Fährverkehr statt. Baugerüste, Gleisüberführungen und Baugleise bestimmten das Hafenbild, oft eingehüllt in den Rauch der rangierenden Dampflokomotiven, die zu viert die immer längeren Züge über die 1,8 km lange Steilrampe zum Bahnhof Saßnitz beförderten. Probleme gab es bei der Gründung der Neubauanlagen, weil die Pfahlroste der alten Fährbettkonstruktionen erst mühselig beseitigt werden mußten. Die neue Fährtechnologie sah viergleisige

V. l. n. r.: die Fährschiffe RÜGEN, SASSNITZ (II) und ROSTOCK in Saßnitz. Im Hintergrund das Rügenhotel.
Foto: Krentzien

Schiffe mit einem darüberliegenden Pkw-Deck vor, das über eine Seitenrampe zu erreichen war. Die Fährbrücke erhielt eine Fünfwegeweiche, um auch den Dreigleisfährschiffen STARKE und WARNEMÜNDE (1963 bis 1972) das Anlegen zu ermöglichen.

Am 28. April 1958 lief das neue schwedische Fährschiff TRELLEBORG erstmalig in den Hafen von Saßnitz ein. Es war, wie das noch im Bau befindliche Fährschiff SASSNITZ, nach einheitlichen Grundmaßen projektiert. Flossenstabilisatoren, Verstellpropeller und Bugstrahlruder gehörten zu den technischen Neuerungen, die dieses Schiff in den Fährverkehr einbrachte.

Das Fährschiff SASSNITZ sollte am 7. Juli 1959, dem 50jährigen Jubiläum der Fährverbindung, seinen Dienst aufnehmen. Die Jubiläumsfahrt fand auch wie geplant statt. Anschließend lag das Schiff jedoch oft tagelang auf Reede oder in Werften, um technische Mängel zu beseitigen. Wegen des Devisenmangels durften kaum Anlagen importiert werden. Spezialausrüstungen mußten daher oft neu entwickelt und mit Ersatzmaterialien gebaut werden. Erst als das Schiff nachträglich eine Verstellpropelleranlage bekommen hatte, waren die Kinderkrankheiten behoben, und es befuhr 27 Jahre sicher und zuverlässig die Fährrute. Mit der Indienststellung der SASSNITZ gab es bis zum August 1961 auch für die Menschen aus der DDR die Möglichkeit, eine Ausflugsfahrt mit der Fähre nach Trelleborg zu unternehmen. Nach dem Bau der Mauer gab es diese Möglichkeit nicht mehr.

Anläßlich des 80jährigen Bestehens der Trajektverbindung Saßnitz–Trelleborg fuhr die Lokomotive 03 1010 eine Woche lang Sonderzüge zwischen Malmö und Trelleborg – hier bei Fahrt auf das Fährschiff ROSTOCK in Saßnitz.
Foto: Krentzien

Zu dieser Zeit waren die Bauarbeiten am Hafenbahnhof noch nicht beendet. Die Mauer brachte einen starken Rückgang des Personenverkehrs auf der Linie. Geld und Arbeitskräfte zum Umbau der zweiten Fähranlage und zur Fertigstellung eine großen Bahnhofshalle gab es zunächst nicht mehr. Dem Güterverkehr schadete die Vertiefung der deutschen Spaltung nicht. Er nahm sprunghaft zu. Sondertarife für den Transport von Massengütern, der kurze direkte Seeweg nach Schweden und weit verzweigte TEEM-Verbindungen machten die Linie stets konkurrenzfähig, trotz der langen Grenzabfertigung auf dem hermetisch abgeriegelten Hafenbahnhof. Reisende mieden diese Linie, wenn sie nicht gerade nach Berlin oder in andere osteuropäische Staaten fahren wollten. Der Schnellzug „Meridian" Bar–Belgrad–Budapest–Prag–Berlin–Malmö wurde zu einem Symbol für den Schienenverkehr zwischen den Weltsystemen. Der „Saßnitz-Express" Malmö–Berlin gehörte 1979 zu den letzten dampflokbespannten Schnellzügen Europas. Der „Berlinaren" wurde einige Jahre von Berlin bis Malmö mit Triebwagen der Baureihe 175 (heute: 675) gefahren.

1967 ergänzten die Schweden die Fährschiffflotte durch das Fährschiff SKÅNE. Die Neuerung war das große Autodeck, auf das alle Straßenfahrzeuge bis zu einer Höhe von 3,80 m fahren konnten. Dazu mußten neue Autobrücken gebaut werden. Die RÜGEN (1972) entsprach der SKÅNE in der Kapazität, aber nicht in der äußeren Erscheinungsform. Mit der GÖTALAND (1973) kam das erste Fünfgleisschiff auf die Linie. Es folgten 1973 bis 1981 das Charterschiff SVEALAND und 1977 die ROSTOCK. In dieser Zeit wurde auch das zweite Fährbett den Maßen der großen Fährschiffe angepaßt.

1978 nahm die Deutsche Reichsbahn mit dem Fährschiff SASSNITZ den Betrieb auf einer alten Traditionslinie wieder auf: der Verbindung Saßnitz–Rönne (Bornholm). Genau 100 Jahre früher waren die ersten Dampfschiffe in der Saison regelmäßig zwischen den beiden Ostseeinseln gefahren. Neu war bei der Wiederaufnahme des Betriebs die Beförderung von Pkws auf dem Eisenbahndeck des Fährschiffs. Die Deutsche Reichsbahn fuhr zeitweise Zubringerzüge ab Berlin mit den Schnelltriebwagen der Baureihe 175.

Die bisher letzten und größten Neubauten für die inzwischen als TS-LINE bezeichnete Verbindung sind die Fährschiffe TRELLEBORG (1982) und SASSNITZ (1989). Die Namen konnte neu besetzt werden, weil die Schiffe der ersten Generation von 1958/59 inzwischen an Reedereien im Mittelmeer verkauft waren. Den Bornholm-Verkehr übernahm 1989 das Fährschiff RÜGEN.

Der Fall der Mauer, der Zusammenbruch der osteuropäischen Staaten und das Ende der DDR blieben auch für die TS-LINE nicht ohne widersprüchliche Folgen. Einerseits gehören die Transportrouten nach Trelleborg und Bornholm zu den stabilen Verkehrsverbindungen, die auch nach dem allgemeinen Niedergang des Verkehrs in der früheren DDR weiter gut ausgelastet sind. Die neue Reisefreiheit der Ostdeutschen, der freie Reiseweg für Skandinavier nach Süden über Ostdeutschland und auch der Einkaufstourismus für Schweden in Deutschland brachten einen gewaltigen Anstieg des Reiseverkehrs mit Bahn und Auto über diese Linie. Besonders der „Saßnitz-Express" Berlin–Malmö und der „Csardas" Belgrad–Budapest–Malmö gehören zu den stark genutzten Zügen der Deutschen Reichsbahn. Andererseits brach der osteuropäische Markt Schwedens zusammen, die Gütertarife wurden zu schnell dem westlichen Standard angeglichen, und die Konkurrenzlinie Rostock–Trelleborg warf den nach 1989 stark gestiegenen Lkw-Verkehr wieder zurück. Die Konkurrenzfähigkeit des Saßnitzer Fährverkehrs hängt entscheidend von einer besseren Straßenanbindung zum Festland ab, weil sich Eisenbahn und Autoverkehr bei der Auslastung der Schiffe sinnvoll ergänzen müssen. Im Herbst 1992 diskutierte man beispielsweise über die Verlegung des Schwedenverkehrs in den neuen Hafen Saßnitz-Mukran. Dies würde eine Neustrukturierung des Eisenbahnverkehrs in Saßnitz bedeuten.

Seit dem 1. Januar 1992 gehören auch die Fährschiffe der TS-Linie zum neuen Unternehmen Deutsche Fährgesellschaft Ostsee GmbH und sind somit nicht mehr Eigentum der deutschen Bahnen.

Einen wesentlichen Fortschritt in der Güterabfer-

Die Fahrt entlang der rügenschen Kreideküste macht die Reise auf der TS-Linie, hier mit dem Fährschiff SASSNITZ (II), zu einem unvergeßlichen Erlebnis. Foto: Krentzien

tigung stellt die Einbeziehung des Bahnhofs Saßnitz Hafen in das FIV-System der deutschen Bahnen ab Januar 1993 dar. Dadurch lassen sich der Güterverkehr beschleunigen und die Auslastung der Fähren optimieren.

Es besteht kein Zweifel, daß bei einer besseren Straßenanbindung der Fährhäfen Rügens an das gesamteuropäische Straßennetz und einer optimalen Fahrplangestaltung der deutschen Bahnen im Güterverkehr nach Saßnitz die Linie Saßnitz–Trelleborg eine glänzende Zukunft haben könnte, auch wenn es über Schleswig-Holstein einmal eine feste Skandinavienverbindung geben sollte.

Mit dem „Csardas“ nach Trelleborg

Wenn die Fähre mit dem „Csardas“ an Bord um 8 Uhr den Hafen verläßt, ist die schönste Zeit für eine Überfahrt nach Trelleborg. Der Fahrplan läßt viel Zeit, um nach der Ankunft auf dem Bahnhof Saßnitz Hafen das Be- und Entladen der Fähre zu beobachten.

Pünktlich um 7 Uhr hat das Fährschiff SASSNITZ seine Fahrt 79101 beendet. Reisende und Autos verlassen das Schiff. Zwei orangefarbene Rangierloks der Baureihe 298 ziehen die Güterwagen von der fünfgleisigen Fähre ab. Zunächst sind drei Gleise zu räumen. Während diese Wagen von der ersten Lokomotive weggesetzt werden, fährt die zweite Lokomotive zum Schiff, um die restlichen Rangierarbeiten zu erledigen. Inwischen ist der Abfertiger der SASSNITZ von seinem Besuch bei dem Kollegen an Land, dem Wagendienst-Fähre, zurückgekommen. Er hat die Frachtbriefe der mitgebrachten Wagen abgeliefert und die Papiere für die erneute Überfahrt abgeholt. Neben Güterwagen sind acht Liege- und Schlafwagen des „Csardas“ mitzunehmen. Reisende aus den Sitzwagen dieses Zuges müssen umsteigen und dazu über eine Brücke und durch das Abfertigungsgebäude aufs Schiff gehen. Dieser Zug ist wie immer in den letzten Jahren gut besetzt. Besonders Ungarn nutzen die günstige Verbindung nach Skandinavien.

Auf dem Eisenbahndeck beobachten drei Schiffseisenbahner das Rangieren. Alles muß schnell gehen; denn nach 60 min Liegezeit muß das Schiff zur Fahrt 79102 auslaufen.

Inzwischen rollen die Wagen für die Besetzung der Fähre an. Alles läuft jetzt in umgekehrter Reihenfolge ab, mit einem Unterschied: Die Schnellzugwagen kommen zum Schluß auf das Schiff. Bei glatter See werden die Güterwagen nur angebremst und mit Hemmschuhen gesichert. Es gibt strenge Vorschriften über zusätzliche Befestigungen bei Sturm unterschiedlicher Stärke.

Über Funk und Monitore überwacht der Erste Nautische Offizier den Ladungsvorgang auf dem Eisenbahndeck, in der Autogarage und am Personenlandgang. Eine automatische Krängungsanlage sorgt dafür, daß das Schiff bei der Beladung keine Schlagseite bekommt.

Der Beladungsvorgang ist abgeschlossen. Das meldet der Erste Nautische Offizier der Kommandobrücke. In der Reihenfolge Landgang, Autobrücke, Eisenbahnbrücke werden die Verbindungen zum Land gelöst. Die Maschinen fangen an zu arbeiten. Und es dauert nicht mehr lange bis zum Kommando „Leinen los“. Langsam schiebt sich das Schiff aus dem Fährbecken. In großem Bogen sich nach Nordwesten wendend, verläßt die SASSNITZ den Hafen vor einem herrlichen Küstenpanorama. Die Neubau- und Altbaugebiete der Stadt Saßnitz scheinen an den Bergen zu kleben und geben der Stadt ein einladendes Gesicht.

Das Schiff umfährt die berühmte Kreideküste von Jasmund. Die weißocker leuchtende Steilküste krönen die Buchenwälder der Stubnitz. Der Königsstuhl bei Stubbenkammer ragt 120 m in die Höhe. Noch lange ist Rügens Küste zu sehen. Sie wird nach Norden zunächst flacher und tritt von der Fährroute zurück zu den Sandstränden der Schaabe, der Verbindung der Halbinseln Jasmund und Wittow. Arkona, den nördöstlichsten Punkt Deutschlands, passiert die Fähre in einer größeren Entfernung. Schon allein diese Küstenfahrt macht das Reisen mit der Eisenbahnfähre zu einem unvergeßlichen Erlebnis.

Nicht einmal drei Stunden dauert es, bis die flache Südküste Schwedens in Sicht kommt. Im Osten sieht man die Südspitze des Landes, von der es weiter nach Stockholm als nach Berlin ist. Fähren der Konkurrenz fahren an uns vorbei nach Travemünde und Rostock. 1,3 sm vor Trelleborg dreht das Schiff, um in Rückwärtsfahrt den Hafen zu erreichen, vorbei an einem alten, im Wasser stehenden Leuchtturm und den Seeweg begrenzenden Bojen.

Nach dreieinhalb Stunden ist die Fähre in der freundlichen Stadt Trelleborg angekommen. Hier beginnt die Be- und Entladung von neuem, diesmal auf schwedisch.

6 Der Eisenbahnfährverkehr Mukran–Klaipeda (Memel)

Der Fischerort Neumukran gehört zur Stadt Saßnitz und liegt einige Kilometer südlich vom Stadtgebiet. Der Fährbahnhof Saßnitz-Mukran entstand gegen den Einspruch der Umweltschützer in einem Trinkwasserschutzgebiet in der Nähe der Wostevitzer Teiche, eines Brutgebiets seltener Vögel. Nur unter dem Druck der internationalen Öffentlichkeit sind beim Hafenbau elementare Forderungen des Umweltschutzes berücksichtigt worden.

Die Stadt Klaipeda (deutsch Memel) gehörte bis 1919 zu Ostpreußen und sollte an Litauen angegliedert werden, wurde aber 1924 zu einem autonomen Gebiet Litauens. 1939 kam Memel an Deutschland zurück. In dieser Zeit wurde der Hafen dieser Stadt auch vom Seedienst Ostpreußen angelaufen. Dieser Liniendienst von der westlichen Ostsee nach Ostpreußen berührte zeitweise auch Saßnitz. Gelegentlich befuhren auch die deutschen Fährschiffe der Linie Saßnitz–Trelleborg aushilfsweise diese Linie. Der heutige Fährverkehr nach Klaipeda hat somit historische Wurzeln.

Am 2. Oktober 1986, einem grauen trüben Tag, legte das neue deutsche Eisenbahnfährschiff MUKRAN vom Fähranleger seines ebenfalls neuen Hafens Saßnitz Mukran zu seiner ersten planmäßigen Reise über 506 km nach Klaipeda ab. „Mit der Fertigstellung des ersten Fähranlegers sowie großer Teile des Bahnhofs mit seinen fast 70 km langen Gleisanlagen ist 54 Monate nach Baubeginn ein wichtiger Abschnitt des derzeit größten Integrationsvorhabens der DDR und UdSSR auf dem Gebiet des Verkehrswesens vollendet worden", schrieb das Neue Deutschland einen Tag später.

Zur Einweihungsfeier hatte sich nur die zweite Garnitur der Prominenz aus Partei und Regierung der DDR und der Sowjetunion zusammengefunden, um der Umleitung um Polen ihren Segen zu geben. Nachdem dieses Land seit 1981 einen eigenen, von Moskau unabhängigen Weg zu gehen begann und für den Transit von Waren die Bezahlung in Devisen erwogen hatte, sah man auch die militärischen Transporte der Westgruppe der sowjetischen Streitkräfte in Deutschland nicht mehr als sicher an.

Schon zu Beginn der 60er Jahre war im Zusammenhang mit der Wiederbelebung des Plans, bei

Arkona einen Hafen zu bauen, der Gedanke aufgetaucht, eine Fährverbindung parallel zur polnischen Küste zu einem sowjetischen Hafen zu betreiben. Dieser Plan war jetzt ab Saßnitz-Mukran nach Klaipeda Wirklichkeit geworden. Ein Vorbild hierfür gab es in der Ostsee schon, nämlich die Eisenbahnfährverbindung Travemünde–Hanko (Finnland), die ebenfalls parallel zur Küste verläuft, sich aber in der Fährtechnologie von der Mukraner Linie unterscheidet.

Der 1982 begonnene Bau mit einem Einsatz von zeitweise 3 500 Arbeitskräften vollzog sich in einem militärisch abgesicherten Raum, umgeben von Wachtürmen und Straßensperren. Von der militärischen Bedeutung zeugen noch heute Reste der Sicherungsanlagen.

Die Fährlinie sollte nicht nur zivilen und militärischen Verkehrsbedürfnissen dienen, sie sollte auch viele Superlative bieten. Um dieses Ziel ganz zu erreichen, fehlten dann aber am Ende die notwendigen Mittel; denn die wirtschaftlichen Probleme der DDR wurden immer größer. So entstand dann einerseits eine effektive Fährtechnologie mit kurzen Umschlagzeiten zwischen Land und Schiff. Andererseits müssen über 80 % der Güter im Bahnhof Mukran zeitraubend und kostenaufwendig umgeladen werden.

Die frühere Sowjetarmee verläßt Deutschland. Neben Militärgut ist in Mukran täglich auch Schrott aus den GUS-Objekten umzuladen. Von den breitspurigen Aufstellgleisen werden zwei Wagengruppen parallel zueinander zum Fährschiff gefahren. Foto: Krentzien

In einem Fährschiff verstaute Militärkraftfahrzeuge auf breitspurigen Flachwagen in Mukran. Foto: Krentzien

Bei km 263,8 der Strecke Stralsund–Saßnitz befindet sich die Abzweigstelle Borchtitz. Hier beginnen die Gleisanlagen des Fährkomplexes Mukran mit einer Längenausdehnung von etwa 4 km bis zu den beiden Fähranlegern. Im gesamten Bahnhofs-

bereich liegen 88 km Gleise und 220 Weicheneinheiten. 62 Gleiskilometer gibt es im Normalspurbereich. Dazu kommen 26 km Breitspurgleise (1 520 mm).

Wagen aus dem Binnenland werden über den Ablaufberg in die Richtungsgleise verteilt, um dann der Weiterbehandlung zugeführt zu werden. Dabei handelt es sich um die beiden, je 210 m langen Umladehallen, den Umladebereich auf den Freianlagen und die Umachsanlagen. Auf Normalspurgleisen fahrende Breitspurwagen erhalten Normalspurdrehgestelle. Sie werden zu Gruppen bis zu fünf Wagen zusammengestellt, denen an jeder Seite ein Spezialwagen vorgesetzt wird. Mit Hilfe dieser Wagen ist es möglich, Fahrzeuge mit Mittelpufferkupplung in Zügen mit Schraubenkupplung zu befördern.

Die Wagen mit den umgeladenen Gütern und die umgeachsten Wagen kommen dann auf die Fähraufstellgleise. Die mit der Fähre angekommenen Wagen werden in umgekehrter Weise behandelt. Be- und entladen wird die fünfgleisige Doppelstockfähre über eine Zweietagenfährbrücke in nur vier Stunden. Jedes Schiff kann bei einer Länge von 195 m 105 Breitspurwagen befördern. Die obere Fährbrücke wird über eine Rampe und ein Überschneidungsbauwerk aus Beton erreicht. Bei der Ent- und Beladung werden zwei Gleise gleichzeitig und parallel bedient. Eine Ausnahme bildet das mittlere Gleis 3.

Zur Fährbedienung und zum Rangieren im Breitspurbereich wurden Lokomotiven der Baureihen 345 und 346 umgespurt und mit Mittelpufferkupplung versehen. Sie fahren fast ausschließlich in Doppeltraktion. Der Einsatz von Drehgestellokomotiven wurde mit der Baureihe 220 versucht. Dabei gab es jedoch Schwierigkeiten beim Befahren der Rampen zu den oberen Fährbrücken.

Nach dem Anlegen der Fähren beginnt aus statischen Gründen das Entladen des Oberdecks und dann des Hauptdecks. Die Beladung geschieht in umgekehrter Reihenfolge. Nach fünfjähriger Erfahrung im Fährbetrieb sind heute auch andere Reihenfolgen üblich, besonders wenn auf dem unteren Hauptdeck Pkws und Trailer befördert werden. Eine Trimmanlage gleicht unterschiedliche Belastungen der Decks aus. Der Brechungswinkel zwischen Wagendeck und Brücke beträgt nur etwa 2°.

Das Fährsystem ist in Funktion und Gestaltung anderen ähnlichen Systemen überlegen. Bei vergleichbaren Fährbetrieben gelangen die Wagen über ein Liftsystem auf die anderen Wagendecks und werden dann von speziellen Schienentraktoren verstaut. Dadurch erhöht sich die Hafendurchlaufzeit der Schiffe auf das Dreifache.

Allerdings gehen die Mukraner Vorteile durch das unrationelle Umschlagsystem wieder verloren. Der Anteil der Umspurwagen macht nur einen geringen Prozentsatz aus, weil der Einsatz der russischen Wagen auf den deutschen Bahnen eingeschränkt ist. Ursache ist nicht nur das größere Profil. Das Bremssystem, die Mittelpufferkupplung und technische Mängel der Wagen beeinträchtigen eine Verwendung auf den Streckennetzen der DR und der DB. Die Beschaffung von Wagen mit Spurwechselradsätzen und einem universellen Kupplungssystem hätte den Betrieb schneller und großzügiger gestaltet. Arbeitskräfte zum Umladen waren aber wohl billiger.

Für den Fährbetrieb war der Einsatz von sechs Fährschiffen vorgesehen, die im Achtstundenrhythmus die Fährhäfen anlaufen. Jährlich sollten bis zu 5 Mill. t Güter trajektiert werden. Die rügenschen Eisenbahnstrecken wurden für 10 Mill.t/Jahr ausgelegt, wobei sich je 50 % auf die Mukraner und die Saßnitzer Linie verteilen sollten. Es entstanden Projekte für den zweigleisigen Ausbau des Rügendamms in einer Zeit, als nicht einmal der eingleisige Betrieb gesichert war, weil die Auswechselung der Überbauten immer wieder verschoben wurde und die Überfahrgeschwindigkeit auf 40 km/h und darunter gedrosselt war. Im Bahnhof Stralsund Rügendamm und in Altefähr entstanden zusätzliche Gleise. Man hatte vor, hier extrem lange Züge zu

Das Fährschiff PUTBUS auf einer Ende des vorigen Jahrhunderts herausgegebenen kolorierten Postkarte.
Foto: Sammlung Krentzien

Abbildung Seite 64:
Auch Militärfahrzeuge werden auf dem Fährbahnhof Mukran von normalspurigen auf breitspurige Flachwagen umgeladen.
Foto: Krentzien

Die 1961 erneuerte Ziegelgrabenbrücke mit dem Befehlsstellwerk Stralsund Rügendamm im Jahre 1991.
Foto: Krentzien

Die Ziegelgrabenbrücke nach dem Umbau 1992 mit dem InterCity „Rügen“ Binz–Köln.
Foto: Krentzien

Ein neues Teil der Ziegelgrabenbrücke im Mai 1992 beim Einschwimmen.
Foto: Krentzien

Der Rügendamm bei Altefähr im April 1991. Foto: Krentzien

Blick von der Fußgängerbrücke am Bahnhof Bergen auf das Empfangsgebäude im Jahre 1992; im Hintergrund der Lokomotivschuppen für die Maschinen der Strecke Bergen–Putbus–Lauterbach.
Foto: Krentzien

Ein Güterzug aus Richtung Saßnitz am Kleinen Jasmunder Bodden im Jahre 1992.
Foto: Krentzien

Der Bahnhof Lietzow mit den in Richtung Süden führenden Gleisanlagen. Der Schnellzug „Berlinaren“ Berlin–Malmö befindet sich auf dem 1937 aufgeschütteten Gleiskörper, der von 1984 bis 1986 nochmals umgebaut wurde. Foto: Krentzien

Ein Ganzzug mit Papierholz auf dem Wege vom Bahnhof Saßnitz zum Bahnhof Saßnitz Hafen, gezogen von einer Lokomotive der Baureihe 242. Eine Lokomotive der Baureihe 143 schiebt den Zug nach.
Foto: Krentzien

Blick auf den Fährhafen Saßnitz mit dem deutschen Fährschiff SASSNITZ II. Foto: Krentzien

Blick vom Rügenhotel auf den Fährhafen mit den schwedischen Fährschiffen TRELLEBORG (links) und GÖTALAND (rechts). Foto: Sammlung Krentzien

Am Fährhafen Trelleborg wartet die SJ-Lokomotive 1009 auf den Schnellzug „Csardas“, den ausnahmsweise eine Diesellokomotive von der SASSNITZ (II) abzieht. Gewöhnlich wird in Trelleborg mit Elektrolokomotiven in Doppeltraktion rangiert.
Foto: Krentzien

Die deutschen Fährschiffe ROSTOCK, SASSNITZ und RÜGEN (v. l. n. r.) im Saßnitzer Hafen. Foto: Krentzien

In der Umachsanlage wird ein russischer Breitspurwagen angehoben. Die breitspurigen Drehgestelle werden durch normalspurige ersetzt.
Foto: Krentzien

Fährhafen Saßnitz-Mukran. Parallele Bedienung des unteren Wagendecks eines Fährschiffes. Man beachte die Mittelpufferkupplung der breitspurigen Lokomotiven der Baureihe 347. Foto: Krentzien

Das Fährschiff KLAIPEDA ist zur Ausfahrt bereit.
Foto: Krentzien

Rügenlandschaft und Fährhafen Mukran. Im Hintergrund befindet sich das Ostseebad Binz (rechts). Foto: Krentzien

bilden, um sie so über den Damm zu schleusen.

Schon in den ersten Betriebsjahren wurde klar, daß die vorgesehen Leistung nicht leicht zu erreichen und die Warenstruktur anders als vorgesehen war. Schnittholz und Fahrzeuge gehörten zu den häufigsten Frachten. Zu ihrem Umschlag mußten die entsprechenden Anlagen mit Portalkränen erweitert werden. Stückgüter kamen in den russischen Wagen oft so an, daß sie nur manuell umgeladen werden konnten. Viele Wagen waren in einem äußerst schlechten Unterhaltungszustand. Türen ließen sich nicht öffnen, Wagenböden waren morsch und mit Gabelstaplern nicht zu befahren. Zusätzliche Kosten entstanden nur der deutschen Seite, da sie für den aufwendigen Umschlag allein zuständig war. Zu dem geplanten Einsatz von Containern über die Linie kam es nicht, weil die Rückführung leerer Einheiten aus der Sowjetunion offen blieb.

Arbeitsplätze für 1 600 Beschäftigte waren vorgesehen. Dazu sollten bis 1990 1 000 neue Wohnungen vorzugsweise in Bergen gebaut werden. Die Beschäftigten mußten in Zügen des Arbeiterberufsverkehrs von Bergen (Rügen) nach Mukran befördert werden. Dazu entstanden ein Haltepunkt und der Personenbahnhof Mukran.

Mit der politischen Wende in Europa kam auch der Zusammenbruch des Ostmarkts der DDR-Betriebe. Die Fährlinie Mukran–Klaipeda traf die neue Situation besonders hart. Zunächst wurde der Bau der sechsten Fähre storniert. Die vorhandenen Fähren lagen oft tagelang untätig im Hafen. Ein Segen für die Beschäftigten war die Entscheidung, daß für Hilfslieferungen in die frühere Sowjetunion der Weg über Mukran genutzt werden sollte. Diese Lieferungen und auch der Abzug der GUS-Truppen mit ihrem Militärmaterial stellen den Hauptanteil der heute beförderten Güter. Trotzdem ist das Ladungsaufkommen auf ein Drittel der Menge von 1990 zurückgegangen. Üblich ist nur noch eine Abfahrt pro Tag. Seit Frühjahr 1992 hat sich die Anzahl der trajektierten Straßenfahrzeuge sprunghaft

Nicht alle Güter, die auf der Fährlinie Mukran–Klaipeda transportiert werden, sind umzuladen. Es gibt auch Breitspurwagen, die in Mukran normalspurige Drehgestelle erhalten und ihre Reise fortsetzen können. Dafür existiert hier ein Drehgestellager. Foto: Krentzien

MUKRAN

erhöht. Trotzdem wird es Jahre dauern, bis sich die wirtschaftliche Situation in den baltischen Staaten gefestigt hat und einen steigenden Warenaustausch ermöglicht. Das System der Umladung ganzer Züge von Wagen der einen in Wagen der anderen Spurweite dürfte wohl künftig nicht zu vertreten sein. Ob es überhaupt zu einer Ausnutzung der Eisenbahnkapazität der Fährschiffe kommt, ist zu bezweifeln. Die Umrüstung in Kombifähren zur Beförderung von Passagieren, Straßenfahrzeugen und Eisenbahnwagen bietet die einzige Überlebenschance für diese großen Spezialschiffe.

Zukunftsprojekte gibt es viele für diesen großen Eisenbahn-Hafenkomplex. Saßnitz-Mukran könnte ein bedeutender Fährhafen in der südlichen Ostsee werden. Ein Eisenbahnfährverkehr nach Finnland ist ebenso im Gespräch wie der Aufbau weiterer Skandinaviendienste ab Saßnitz-Mukran. „Es ist nicht fünf Minuten vor Zwölf, sondern schon Zwölf für Mukran", wurde kürzlich auf einer Verkehrskonferenz festgestellt. Wenn 1994 der Abzug der GUS-Truppen beendet ist, muß eine Lösung für Saßnitz-Mukran wirksam werden. Sonst kann der momentane Leiter des Bahnhofs Direktor eines technischen Museums werden.

Am Fähranleger in Mukran befinden sich die MUKRAN (links) und die GREIFSWALD. Foto: Krentzien

7 Eine Bahn zum Fürstensitz Putbus

Die Strecke Bergen–Putbus–Lauterbach

„Putbus, reizend gelegener Flecken und Badeort mit städtischer Gerechtigkeit, 2 056 Einwohner, elektrischer Beleuchtung. Wer ruhig leben will, für den ist Putbus-Lauterbach sehr geeignet. Das Bad Lauterbach ist wegen seines geringen Wellenschlages bei Damen und Kindern sowie schwächlichen Personen zu empfehlen“, schrieb 1910 Griebens Reiseführer.

Fürst Malte von Putbus gründete 1810 das gleichnamige Ortszentrum und machte es zum Fürstensitz mit Schloß und Schloßpark sowie Pädagogium, Theater und klassizistisch gestalteten Wohnhäusern.

1816 entstand das Seebad Lauterbach mit dem Badehaus Goor. 1828 ging hier erstmalig ein Dampfschiff vor Anker und eröffnete für die Insel Rügen ein neues Zeitalter des Verkehrswesens. Seit der Fertigstellung der Lauterbacher Landungsbrücke im Jahre 1835 liefen regelmäßig Dampfschiffe aus Stettin kommend den Ort an. Dieser Verkehr wurde noch bedeutender, als 1840 die Berlin-Stettiner-Eisenbahn in Betrieb ging, die in Stettin Anschlüsse von und nach Rügen anbot. In der Folgezeit gab es die Schiffslinien Anklam–Lauterbach (1863/64) und Greifswald–Lauterbach (1864), immer im Anschluß an die Züge von und nach Berlin. Die ersten Eisenbahnpläne für Rügen berücksichtigten grundsätzlich die Residenzstadt der Insel als Eisenbahnstation. So plante 1868 die Nordbahngesellschaft die Strecke Stralsund–Putbus–Binz–Sagard–Arkona. Der stets an technischen Neuerungen und auch an Eisenbahnspekulationen beteiligte Fürst von Putbus setzte sich sehr für die Entwicklung des Eisenbahnwesens auf Rügen ein. In seinem Auftrag entstanden Streckenprojekte für Rügen, und es wurden Wirtschaftlichkeitsuntersuchungen zur Vorbereitung des Baus einer Rügenbrücke (1880) angestellt. Es verwundert daher nicht, daß nach Fertigstellung der Eisenbahnstrecke Stralsund–Bergen (Rügen) der Bau einer Eisenbahn nach Putbus–Lauterbach folgte.

Der Streckenbau von Bergen (Rügen) nach Putbus begann 1888 mit der Umgestaltung des Bergener Bahnhofs. Der erst sieben Jahre alte Lokschuppen mußte abgerissen werden, weil er dem Bahnbau im Wege war. Der Bergener Bahnhof wurde jetzt zum Durchgangsbahnhof (nach Saßnitz) mit abzweigender Nebenbahn nach Putbus–Lauterbach. Für die Züge in Richtung Lauterbach entstand ein besonderer, heute noch benutzter Bahnsteig. Daneben befindet sich der 1889 gebaute zweiständige Lokschuppen mit Kohlebansen. Die Strecke steigt kurz nach Verlassen des Bahnhofs stark an und führt südlich um die Stadt Bergen herum. Die Züge überqueren dann die B 196, die aus Stralsund kommend nach Putbus, Binz, Sellin, Göhren und Thiessow weiterführt. Der Zug überfährt dann langsam eine reparaturbedürftige Brücke, unter der die Straße nach Tilzow entlangführt. Hier gab es vor dem Ersten Weltkrieg eine Ladestelle für landwirtschaftliche Produkte. Nach etwa 1 km wird der Forst Werder erreicht. Wo die Bahntrasse im Waldgebiet verschwindet, sind noch heute die Bahndämme einer Feldbahn zu erkennen: die Reste einer militärischen Transportbahn zu einem vor dem Ersten und dem Zweiten Weltkrieg genutzten Munitionslager bei Tilzow. Beim Haltepunkt Pastitz wird die Straße Bergen–Putbus überquert. Interessant ist eine reich verzierte Fachwerkwartehalle, die unter Denkmalschutz steht. Früher gab es auch hier ein Ladegleis. Der Bahnhof Putbus besitzt ein Einfahrsignal, hinter dem der Zug eine 1915 gebaute Spannbetonbrücke unterfährt. Über sie fuhren bis 1967 die Schmalspurzüge der Strecke Putbus–Altefähr. Links der Strecke sind die auch heute noch umfangreichen Gleisanlagen der Rügenschen Kleinbahnen zu sehen. Das rechts liegende Empfangsgebäude der Normalspurbahn mit seiner Klinkerfassade und der hölzernen Bahnsteigüberdachung steht ebenfalls unter Denkmalschutz.

Mit Elementen rügenscher Bäderarchitektur ist die Wartehalle des Haltepunktes Pastitz geschmückt. Foto: Krentzien

W
H

Bahnhof Putbus im Jahre 1957. In den Reisezugwagentrains der Schmalspurbahn befinden sich bereits zahlreiche aus Sachsen übernommene Fahrzeuge. Foto: Dreyer

Der Zugverkehr bis nach Putbus wurde am 15. August 1889 aufgenommen. Die von hier aus weiterführende Strecke nach Lauterbach war am 15. Mai 1890 planmäßig befahrbar. Lauterbach besaß als Endbahnhof der Strecke einen Lokschuppen. Das kleine aus farbigen Klinkern errichtete Empfangsgebäude ist heute durch unansehnliche An- und Umbauten stark entstellt. Die Trasse führte ursprünglich auf einem Eisenbahndamm weit in den Greifswalder Bodden. Der Bahndamm war als Umladestelle für landwirtschaftliche Produkte in Küstenschiffe gedacht und bildete zugleich eine Ostmole für den Lauterbacher Hafen.

Auffällig sind die langgezogenen Gleisanlagen. Lauterbach war vor dem Zweiten Weltkrieg Endstation für D-Züge oder Kurswagen aus Hamburg und Berlin. Die Wagen wurden hier abgestellt und gereinigt.

Das Verkehrsaufkommen auf der Strecke Bergen (Rügen)–Lauterbach war vor Eröffnung der Schmalspurbahnen Putbus–Göhren und Putbus–Altefähr besonders außerhalb der Badesaison unbedeutend. Schon einige Jahre nach Inbetriebnahme der Strecke gab es Gerüchte über eine Verkehrseinstellung in den Wintermonaten. Im Lokalverkehr fahren Reisende nach Putbus heute lieber mit dem Bus, weil der Bahnhof zu weit vom Stadtzentrum entfernt ist.

Der Bahnhof Putbus war im Laufe der Zeit Mittelpunkt zahlreicher Verkehrsprojekte. Schon vor dem Ersten Weltkrieg stieß die Schmalspurbahn nach Göhren an die Grenze ihrer Leistungsfähigkeit. In Petitionen wurden die Umspurung der Schmalspurbäderbahn ab Putbus gefordert und dazu mehrere Pläne vorgelegt. Nachdem die Schmalspurbahn durch Anschaffung neuer Betriebsmittel die Anforderungen wieder erfüllen konnte, begann ein großzügiger, aber wegen des Kriegsausbruchs nicht beendeter Umbau des Putbusser Bahnhofs. Fertig wurde nur die schon erwähnte Spannbetonbrücke zur Auflassung der ni-

Lauterbach

W

Das Empfangsgebäude in Lauterbach um die Jahrhundertwende. Es macht heute wie der gesamte Bahnhof einen verwahrlosten Eindruck. Foto: Sammlung Krentzien

Einen planmäßigen Triebwagenverkehr nach Putbus gab es bisher nie. Doch im Rahmen von Sonderfahrten gelangen Triebwagen gelegentlich hierher, um vor allem Fahrgäste zur Schmalspurbahn zu bringen. Foto: Krentzien

veaugleichen Kreuzung zwischen der Normal- und der Schmalspurbahn. Es gab auch Pläne für ein Dreischienengleis nach Lauterbach. Schmalspurzüge sollten über diese Strecke im Anschluß an die dort ankommenden Schiffe verkehren. Nach 1925 gab es Pläne für eine Normalspurstrecke Samtens–Putbus–Binz–Thiessow. Der Bau des Rügendamms brachte für Rügen ein neues Verkehrskonzept, in dem Putbus nur eine untergeordnete Rolle spielte. Nach dem Zweiten Weltkrieg wurden der Bahnhof und der Hafen Lauterbach für die Eisenbahn auf Rügen kurzzeitig bedeutend, da der Rügendamm zerstört war. Bis 1947 kam über Putbus die auf Rügen benötigte Lokomotivkohle. Die Züge hatten damals den eigenartigen Umlauf Altefähr–Bergen–Lauterbach–Bergen–Saßnitz und zurück.

Bis 1989 gab es bis Putbus und Lauterbach noch ein gewisses Aufkommen im Güterverkehr mit Fischen sowie Bau- und Brennstoffen. Viele Jahre fuhren nach Putbus Saisonschnellzüge von und nach Dresden, Berlin, Erfurt und Halberstadt mit Anschluß an die Bäderbahn nach Göhren.

Bis heute ist das Bahnhofsgebäude in Putbus kaum verändert. Diese Aufnahme entstand im Jahre 1914.
Foto: Sammlung Krentzien

8
Von Lietzow nach Binz

Binz ist heute der bekannteste und größte Badeort Rügens. Vor dem Zweiten Weltkrieg galt er mit seinem Kurhaus, seinen vielen kleinen und großen Villen sowie dem breiten feinen Sandstrand als das Luxusbad der Insel.

Die 1888 gegründete Aktiengesellschaft Ostseebad Binz wollte die Fischerdörfer Binz und Aalbek vereinigen und unter dem Namen Binz zu einem Bad für gut zahlende Gäste ausbauen. Binz war bis dahin ein Bauerndorf, gelegen im Bereich des heutigen Kleinbahnhofs Binz Ost. Aalbek war ein Fischerort, der links und rechts der heutigen Hauptstraße zum Strand an einer „Bek", einem Gewässer zwischen der Ostsee und dem Schmachter See, lag. Die Bek wurde zugeschüttet und auf ihr eine Straße angelegt. In der Gründerzeit sollte eine „Tertiärbahn" das neue Bad mit dem Normalspurbahnhof Putbus verbinden. Die Aktiengesellschaft Ostseebad Binz machte jedoch Pleite, und die Bahn wurde schließlich als Strecke der Rügenschen Kleinbahnen gebaut.

Als 1911 der Rügensche Ostseebäderverband den schon erwähnten Umbau der Schmalspurbahn Putbus–Göhren in eine Normalspurbahn forderte, entstanden auch erste Pläne für den Bau einer Eisenbahn zwischen Bergen (Rügen) und Binz, die nach dem Ersten Weltkrieg wieder auflebten.

Die nach der Fertigstellung des Rügendamms entworfene neue Verkehrskonzeption der Insel Rügen berücksichtigte auch die Bedürfnisse des Ostseebads Binz. Dabei spielte besonders das von den Nazis geplante und zum Teil fertiggestellte KdF-Bad Prora eine entscheidende Rolle. Zwischen Binz und Mukran entstand ab 1936 in dem bis in die 30er Jahre unberührten Naturschutzgebiet Schmale Heide auf einer der größten Baustellen des Dritten Reiches dieses ehrgeizige Propagandaobjekt. Die Freizeitanlage breitete sich an der Küste etwa in 5 km Länge aus. Die Hauptfront bildeten zwei je 2,2 km lange Bettenhäuser, ergänzt durch Festplätze, Gemeinschaftshäuser sowie Sport- und Versorgungseinrichtungen. Zu dieser Anlage, die gleichzeitig 20 000 Betten zur Verfügung hatte, war natürlich ein Bahnanschluß nötig. Pläne zur schienengebundenen Beförderung der Urlauber innerhalb der Anlage gab es ebenfalls.

Wiederaufbau der Strecke Lietzow–Binz im Juli 1952. Der Bauzug befindet sich am km 10,7. Foto: Meyer

Die heute auffindbaren Informationen sind aber wenig glaubhaft und recht spekulativ. So wurde viele Jahre das Gerücht verbreitet, daß die einzelnen Unterkünfte und Versorgungseinrichtungen durch eine U-Bahn miteinander verbunden werden sollten. Die heute zum Teil noch vorhandenen Verbindungsschächte hätten allerdings höchstens Platz für eine Versorgungsbahn mit einem kleinen Profil geboten. Aber auch so ein Plan läßt sich nicht nachweisen.

Die Anlage wurde nicht fertiggestellt. Mit Kriegsausbruch machte man einige Gebäudeteile winterfest. Als die Bombenangriffe auf deutsche Städte zunahmen, nutzte man die Häuser als Unterkunft für Ausgebombte und 1944/45 zur Aufnahme von Flüchtlingen aus dem Osten. Nach Kriegsende requirierte hier die Sowjetarmee zunächst das ganze Gelände. Nicht von ihr genutzte Gebäude sollten gesprengt werden. Das Material war aber stärker als die Sprengladungen. Hinterlassen wurden gespenstische Häuserskelette, die der NVA später zu Häuserkampf-Übungen dienten. Die in Richtung Binz gelegenen Gebäudekomplexe wurden nach 1945 abweichend vom ursprünglichen Plan zu Ende gebaut und viele Jahre als Kasernen genutzt. Für die Bevölkerung blieb Prora ein verbotenes Gelände.

1936 begann man mit dem Bau der Eisenbahn von Lietzow nach Binz. Von dieser Strecke sollte in Höhe der Feuersteinfelder bei Neumukran eine Verbindung zum Hafen Saßnitz abzweigen. Der ursprüngliche Plan sah vor, die Strecke über Binz hinaus bis Thiessow weiterzubauen. Das hätte das Ende der rügenschen Kleinbahnstrecke Putbus–Göhren bedeutet. Noch vor Kriegsausbruch 1939 konnte der Zugverkehr bis Binz aufgenommen werden. Die 12 km lange Strecke zweigt im Bahnhof Lietzow rechts von der Hauptbahn nach Saßnitz ab und folgt zunächst dem Ufer des Kleinen Jasmunder Boddens. Am Ende der Uferstrecke unterfährt sie eine Straßenbrücke aus Spannbeton, über die man heute zu den Feuersteinfeldern kommt. Die Trasse folgt dann der Bäderstraße Saßnitz–Binz, die kurz vor Prora auf einer weiteren Betonbrücke die Bahnstrecke überquert. Für das KdF-Bad war zur Vermeidung von niveaugleichen Kreuzungen zwischen Wegen, Straßen und Eisenbahn ein Brückensystem vorgesehen. Kurz vor dem Bahnhof Prora zweigt ein Anschlußgleis ab, das nach 1985 zu militärischen Zwecken entstand. Nur die beiden erwähnten Brücken sind fertiggestellt worden. Der Bahnhof Prora mit einigen Abstell- und Ladegleisen hat ein provisorisches Empfangsgebäude. Historische Zeichnungen zeigen hier einen nicht gebauten Kopfbahnhof, ohne eine Weiterführung der Strecke nach Binz.

In der Nachkriegszeit wurden in Prora von der NVA Truppentransporte zusammengestellt, Panzer und andere Militärfahrzeuge umgeladen. In Prora hielten auch die D-Züge von und nach Binz. Und so mancher DDR-Soldat war hier zur Grundausbildung. Dem Militär ist es wohl hauptsächlich zu verdanken, daß die Strecke heute noch existiert. 1946 wurde sie als Reparation demontiert. Als Anfang der 50er Jahre die Kasernierte Volkspolizei als Vorläufer der NVA Prora übernahm, baute sie auch die Strecke wieder auf.

Kurz vor Binz gibt es den Haltepunkt Prora Ost.

Der Bahnhof Binz besitzt ein repräsentatives Empfangsgebäude im Stil der 30er Jahre. Das große, aber nicht voll bebaute Bahnhofgelände zeugt noch heute von der 1936 bis 1939 vorgesehenen Nutzung. Es waren zwei Stellwerke vorhanden. Das eine Gebäude wird zweckentsprechend genutzt. Das zweite Stellwerk war viele Jahre Ferienunterkunft und ist 1992 abgerissen worden. In Binz gab es keinen Lokschuppen, aber eine Bekohlungsanlage.

Bis zum Jahr 1987 wurde auch die Strecke Lietzow–Binz elektrifiziert.

Seit dem Wiederaufbau der Eisenbahnstrecke nach Binz verkehren auf dieser Nebenbahn Schnellzüge auch außerhalb der Sommersaison. 1991 rückte das Tourismusgebiet Rügen durch den InterCity „Rügen“ Köln–Binz für die Bahntouristen der alten Bundesländer ein Stück näher.

Eines der gesprengten Bettenhäuser des KdF-Bades Prora. Seit mehr als 40 Jahren stehen diese Ruinen und haben neben Sturm, Regen und Sonnenschein auch Häuserkampfübungen der ehemaligen Nationalen Volksarmee erlebt.
Foto: Sammlung Krentzien

9
Eine Bahn fürs Militär

Die vergessene Eisenbahn Borchtitz–Glowe

Kriege erschütterten auch nach den Napoleonischen Kriegen im 19. Jahrhundert das Gebiet um die Ostsee. Preußen, Dänemark und zeitweise Österreich stritten sich mehrfach um Schleswig-Holstein. 1864 kam es zu einer Seeschlacht vor Rügen. Der Krimkrieg hinterließ ebenfalls seine Spuren in der Ostsee. Und im Deutsch-Französischen Krieg 1870/71 tauchten französische Fregatten vor Rügen auf.

Deshalb ist es nicht verwunderlich, daß Eisenbahn- und Hafenpläne für Rügen auch immer militärische Forderungen berücksichtigten. Erste Pläne für eine Eisenbahn auf der Insel in den 40er Jahren des vorigen Jahrhunderts gingen davon aus, daß bei der Landung feindlicher Truppen auf Rügen durch eine Eisenbahn Armeeeinheiten schneller zur Bekämpfung der Feinde herangeschafft werden könnten.

Um 1857 sollte dann ein Kriegshafen im Großen Jasmunder Bodden gebaut werden und Eisenbahnanschluß bekommen. In Friedenszeiten sollten Hafen und Bahn für den Skandinavienverkehr genutzt werden. Nachdem der Krieg 1864 die Einigung mit Dänemark gebracht hatte, geriet der Kriegshafen zunächst in Vergessenheit, fand aber später auch das Interesse von Kaiser Wilhelm I.

Während der nationalsozialistischen Herrschaft lebten die alten Pläne nicht nur erneut auf, es wurde ernsthaft an ihrer Verwirklichung gearbeitet. Ein Hafen im Jasmunder Bodden konnte nicht über die natürliche Zufahrt erreicht werden. Im Bereich der Schabe sollte ein Durchstich zur Ostsee als Schiffahrtskanal entstehen. Der Hafen mußte natürlich einen Bahnanschluß erhalten. Der Ausbruch des Krieges verhinderte jedoch den Weiterbau.

Nach 1945 war die Insel Rügen ein strategisch wichtiger Vorposten der Sowjetunion in der Ostsee. Von hier aus war der gesamte Ost-West-Verkehr über das Wasser zu kontrollieren. Als Marinebasis sollte zum dritten Mal ein Hafen im Bodden entstehen. Die schnelle Instandsetzung des Rügendamms bis 1947 gehörte auch in dieses militärische Konzept. Kriegsgefangene deutsche Soldaten mußten die Arbeiten ausführen. Die Deutsche Reichsbahn baute damals eine Strecke von Borchtitz nach Glowe. Die Bahn überquerte zunächst die heutige B 96 bei Borchtitz, um dann in einem großen Bogen in Richtung Martinshafen zum Bodden zu gelangen. Zum Bau der Strecke waren mehrere Einschnitte in die hügelige Landschaft erforderlich. Über Polchow ging die Strecke zum Spycker See. Zwischen Bodden und See wurde ein Damm geschüttet. Eine kleine Brücke sollte die Wasserverbindung zwischen beiden Gewässern offenhalten. Die Strecke endete in Glowe. Dort muß es nach Augenzeugen einen Lokschuppen gegeben haben. Bauzüge sollen über die ganze Strecke gefahren sein. Eine offizielle Inbetriebnahme gab es bei dem streng geheimen militärischen Objekt nicht. Die Ereignisse um den 17. Juni 1953 führten zur Einstellung der Bauarbeiten. Die Bahn verschwand so schnell und unbemerkt, wie sie gebaut wurde.

Das Stellwerk bei Borchtitz erinnerte bis 1986 an die Abzweigung nach Glowe. Mehrere bewachsene Einschnitte und der Damm am Spycker See sind noch heute erhalten. Einige Teile des Bahndamms sind zu Landwirtschaftsstraßen umgebaut worden. Das Hafenprojekt Großer Jasmunder Bodden ist gestorben – zum Wohle der Umwelt.

10 Die Rügenschen Kleinbahnen

Eine kurze Chronik

Eine einmalige Attraktion auf Rügen ist die dampfbetriebene Schmalspurbahn Putbus–Göhren.

Schon kurz nach dem Inkrafttreten des preußischen Kleinbahngesetzes am 28. Juli 1892 kamen die ersten ernsthaften Projekte über den Bau eines solchen Verkehrsmittels ins Gespräch. Gutsbesitzer, Badeorte und nicht zuletzt der Fürst von Putbus forderten und förderten den Kleinbahngedanken. Als schließlich am 7. Juli 1893 erste Vorstellungen über die Lage eines Kleinbahnnetzes vom Kreisausschuß in Bergen (Rügen) diskutiert wurden, stand bereits fest, daß eine in Putbus beginnende Strecke ins Ostseebad Binz zum festen Bestandteil des künftigen Kleinbahnsystems gehören wird. Das Eisenbahnbau- und Betriebsunternehmen Lenz & Co. begann mit den Vorarbeiten für diese Strecke. Während diese Verbindung vornehmlich dem Bäderverkehr dienen sollte, waren die anderen inzwischen feststehenden Bahnen Altefähr–Putbus und Bergen (Rügen)–Wittower Fähre/Fährhof–Altenkirchen vornehmlich für den Güterverkehr gedacht. Eines hatten die Kleinbahnstrecken jedoch gemeinsam: die Spurweite von 750 mm. Nachdem die nunmehr gebildete Rügenschen Kleinbahnen-Aktiengesellschaft (Rü.K.B.) am 18. April 1895 in das Register des Amtsgerichts Bergen (Rügen) eingetragen war, begann elf Tage später der Bahnbau von Putbus nach Binz. Am 17. Juni 1895 erteilte der Regierungspräsident in Stralsund die Betriebskonzession. Nur einen guten Monat später, am 22. Juli 1895, setzte sich von Putbus aus der Eröffnungszug nach Binz in Bewegung. Das aber war nur ein kleiner Anfang des Kleinbahnbetriebs auf Rügen.

Ab 20. März 1896 endeten die Züge in Sellin West, ab 23. Mai 1896 in Sellin Ost. Eröffnet wurden am 4. Juli 1896 die Strecke Altefähr–Putbus und am 21. Dezember 1896 die separaten Verbindungen Bergen (Rügen)–Wittower Fähre sowie Fährhof–Altenkirchen. Zwischen Wittower Fähre und Fährhof pendelten bahneigene Trajektschiffe. Ergänzt wurde das Streckennetz ab 13. Oktober 1899 durch den Abschnitt Sellin Ost–Göhren. Damit war der Kleinbahnbau auf Rügen im wesentli-

Baabe

chen abgeschlossen. Die Strecken hatten eine Länge von 97,9 km. Sie bildeten das Rückgrat des Flächenverkehrs auf der Insel. Und daran sollte sich nahezu sieben Jahrzehnte nichts ändern.

Mehrmals wechselten die Betriebsführer der Rügenschen Kleinbahnen. Bis 1910 war dafür die Firma Lenz & Co., von 1910 bis 1920 die Kleinbahnabteilung des Provinzialverbands von Pommern in Stettin, dann die Vereinigung vorpommerscher Kleinbahnen GmbH in Stettin, ab 1924 in Stralsund, zuständig. 1937 wurde die Landesbahndirektion Pommern gegründet. Drei Jahre später entstanden die Pommerschen Landesbahnen (PLB). Ab 1. Januar 1940 verloren die Rügenschen Kleinbahnen den Rechtsstatus als Kleinbahn und wurden die Rügenschen Bahnen. Von 1947 bis 1949 nahmen die landeseigenen Nachfolgeeinrichtungen in Binz und Demmin die Betriebsführung wahr. Am 1. April 1949 wurden die Bahnen durch die Deutsche Reichsbahn übernommen.

Der aufstrebende Kraftverkehr führte von 1967 bis 1971 zur Stillegung des Streckennetzes bis auf die Bäderbahn Putbus–Göhren, deren Stillegung verhindert werden konnte.

Soweit die kurzgefaßte Chronik der Rügenschen Kleinbahnen.

Von Putbus nach Göhren

Ausgangspunkt für eine Fahrt auf der Bäderbahn sollte Putbus sein. Bevor das heute als Rarität geltende Verkehrsmittel näher betrachtet wird, ist eine Besichtigung des 1960 zur Stadt gewordenen Ortes empfehlenswert. Der Stadtkern, ein einmaliges klassizistisches Ensemble, entstand ab 1810. Bemerkenswert sind das Theater, ein Obelisk sowie der Park mit der Schloßkirche und der Orangerie. Das Schloß verfiel nach dem Zweiten Weltkrieg und wurde 1960 abgetragen. Heute zählt Putbus mit seinen 13 Ortsteilen 5 600 Einwohner.

Jetzt aber zurück zum Bahnhof. Noch ist kein Schmalspurzug zu sehen – Zeit genug, sich etwas umzuschauen. Am Bahnhofsende in Richtung Lauterbach befindet sich der 1988 fertiggestellte Lokomotivschuppen. Der aus der Anfangszeit stammende Vorgänger besaß nicht das für den Einsatz der aus Sachsen in Putbus ab 1983 beheimateten 1'E1'-Lokomotiven erforderliche Lichtraumprofil und mußte durch einen Neubau ersetzt werden. Daneben steht das alte Werkstattgebäude. Es ist kaum zu glauben, aber in diesem 1895/96 errichteten und später geringfügig erweiterten Gemäuer wurden bis 1950 sämtliche Rü.K.B.-Fahrzeuge instand gehalten, also auch Hauptuntersuchungen an Lokomotiven und Wagen ausgeführt. Immerhin gehörten 1942 insgesamt 9 Dampflokomotiven, 55 Reisezugwagen, 219 Güterwagen und 5 Spezialwagen zum Bestand der Rügenschen Bahnen. Fielen größere Revisionen an den in Bergen (Rügen) beheimateten Fahrzeugen an, mußten diese auf Spezialwagen über die Staatsbahnstrecke nach Putbus gebracht werden. Die Deutsche Reichsbahn zentralisierte die Instandhaltung aller Schmalspurbahnfahrzeuge. Die Lokomotiven werden heute nach Görlitz gebracht, die Wagen waren zunächst sämtlich nach Friedland (Meckl.) in die frühere Hauptwerkstatt der Mecklenburg-Pommerschen Schmalspurbahn zu transportieren. Sie gehörte ab 1950 als Werkabteilung zum Raw Malchin. Die Reisezugwagen wurden von 1953 bis 1960 in die Werkabteilung Perleberg des Raw Wittenberge umbeheimatet. Heute gehört die alte Rü.K.B.-Werkstatt als Außenstelle zum Bww Stralsund.

Vergleicht man die Gleisanlagen des Schmalspurbahnhofs Putbus mit denen der 50er und 60er Jahre, fällt auf, daß einige Gleise fehlen. Nach Stillegung der Strecke Altefähr–Putbus am 3. Dezember 1967 und des Güterverkehrs auf der Bäderbahn am 11. Dezember 1967 wurden sie entbehrlich und ausgebaut.

Das Bahnhofs-, Zugbegleit- und Lokpersonal posiert um 1902 auf dem Bahnhof Göhren vor einem Zug mit der Lokomotive Rü.K.B. 31^{nn} (DR-Nr. 99 4521). Foto: Sammlung Krentzien

Das vor dem Ersten Weltkrieg entstandene Bahnhofsgebäude in Baabe 1968. Der vordere Güterwagen ist sächsischer Herkunft und wurde in den 50er Jahren von der Reichsbahndirektion Dresden übernommen. Bei beiden Fahrzeugen handelt es sich um Expreßgutwagen. Foto: Kieper

Seit 1950 nicht mehr in Betrieb: Haltepunkt Sellin West, hier im Jahre 1905. Der Zug kommt aus Richtung Göhren.
Foto: Sammlung Krentzien

Bahnhof Binz Ost im Jahre 1989: Sonderzug nach Putbus.
Foto: Krentzien

Am westlichen Bahnhofsende stehen einige historisch wertvolle Personen- und Güterwagen. Sie sind Bestandteil des seit 1979 existierenden Traditionsbereichs Putbus. Unter ihnen findet man den letzten zweiachsigen, allerdings noch nicht restaurierten Personenwagen aus der Anfangszeit der Rügenschen Kleinbahnen. Einen äußerst gepflegten Eindruck macht der auf einem Nebengleis befindliche betriebsfähige Traditionszug. Er besteht mit Gepäckwagen aus derzeit sieben Fahrzeugen, unter ihnen der wiederhergestellte Wagen einer Speisewageneinheit, die – wie eine weitere – während der 30er Jahre in der „Kleinbahnfachwelt" für besonderes Aufsehen sorgte und den Bäderverkehr attraktiver machte. Einzelne Wagen oder der Zug werden besonders in den Sommermonaten für Sonderfahrten genutzt. Heute sind nur noch wenige betriebsfähige Güterwagen für Bahndienstzwecke vorhanden, die überwiegend in Putbus abgestellt werden.

Inzwischen ist der Nahverkehrszug – so die jetzige Bezeichnung für Personenzüge – aus Göhren eingetroffen. Mehrere Dutzend Fahrgäste verlassen den Zug, um ihre Fahrt auf der Normalspurbahn in Richtung Bergen (Rügen) fortzusetzen. Die Lokomotive 099 771, ex 99 4633, eine echte Rü.K.B.-Maschine der Bauart Dh2t, wird vom Zug abgekuppelt und rollt vor den Lokschuppen. Das Personal bereitet sie auf die nächste Fahrt vor. Von den einst zahlreichen Rü.K.B.-Lokomotiven sind heute nur zwei übriggeblieben. Die 099 771 trug anfänglich die Bezeichnung Rü.K.B. 53^{Mh} und wurde 1925 bei Vulcan in Stettin gebaut. Zwei fast bauartgleiche Maschinen lieferte Vulcan 1913 und 1914 als Rü.K.B. 51^{M}, DR 99 4631, und Rü.K.B. 52^{M}, DR 99 4632, jetzt 099 770. Erstere wurde 1984 an einen Apotheker in Lehrte bei Hannover verkauft. Ihr

Kessel war schadhaft und hätte durch einen neue ersetzt werden müssen. Doch dafür fehlten die Mittel. Als Devisenbringer war die Maschine aber noch gut genug. Es gibt Vorstellungen, diese Lokomotive nach Putbus zurückzuholen und dafür eine andere, in Neustrelitz befindliche nach Lehrte zu bringen. Die 099 770 fuhr bis in die jüngste Vergangenheit. Ihr Kessel war ebenfalls verschlissen. Sie erhielt einen neuen und absolvierte am 13. Januar 1993 ihre erste Fahrt auf der Bäderbahn. Und die 099 771? Sie wurde 1985 in die Liste der DDR-Traditionslokomotiven aufgenommen. Aber auch ihr Kessel war total verbraucht. Im Herbst 1992 erhielt die Lokomotive einen Neubaukessel im Raw Görlitz. Dieses Vorhaben plante man schon in DDR-Zeiten, es kam aber nicht zustande.

Ein Stück moderner Dampfloktechnik verbirgt sich hinter den Lokomotiven 099 780 (ex 99 4801) und 099 781 (ex 99 4802). Diese Maschinen der Bauart 1'Dh2t stellte Henschel 1938 für die Kleinbahnen des Kreises Jerichow I mit dem Ausgangspunkt Burg (b. Magdeburg) her. Beide Vierkuppler gelangten nach Stillegung des Burger Schmalspurnetzes im Jahre 1965 nach Putbus und sind noch heute vorhanden. 1983 und 1984 erhielten zwei Neubaulokomotiven aus dem VEB Lokomotivbau „Karl Marx“ Babelsberg in Putbus eine neue Heimat. Sie wurden wegen der Überalterung des Triebfahrzeugparks dringend benötigt und aus Freital-Hainsberg umgesetzt.

Von den ursprünglihen Rü.K.B.-Maschinen war bereits 1922 der erste Zweikuppler ausgemustert worden. Weitere folgten. Vier Maschinen älterer Bauart mußten 1947 und 1948 an die Wismut nach Aue (Sachs) abgegeben werden, um auf dortigen Werkbahnen zu verkehren. Nach Übernahme der Rügenschen Bahnen durch die Deutsche Reichsbahn gelangte auf alle Strecken eine größere Anzahl von Lokomotiven der früheren sächsischen Gattung IV K. Als die Fahrzeuge der Bäderbahn Mitte der 60er Jahre anstelle der Gewichtsbremsen Druckluftbremsen erhielten, rüstete man einige dieser Maschinen mit entsprechenden Kesselaufbauten aus.

Inzwischen hat sich die 099 771 vor den Zug gesetzt. Er besteht aus acht modernisierten Reisezugwagen sächsischen Ursprungs und einem modernisierten ex-Rü.K.-B.-Gepäckwagen. Ab den 50er Jahren wurden unter anderem von der Reichsbahndirektion Dresden zur Verstärkung insgesamt 40 Reisezugwagen auf die rügenschen Schmalspurstrecken umgesetzt, von denen Ende der 70er Jahre 15 in Perleberg modernisiert worden sind und somit erhalten werden.

Auf dem Normalspurbahnhof Putbus fährt der Nahverkehrszug aus Bergen (Rügen) zur Weiterfahrt nach Lauterbach ein. Viele Fahrgäste verlassen hier den Zug, um mit der Schmalspurbahn die Ostseebäder zu erreichen. Bis 1989 waren es mehrere hundert Urlauber pro Zug, die einen Ferienplatz des FDGB erhalten hatten und mit der Dampfbahn weiterfuhren. Heute ist ein solcher Andrang selten. Viele Feriengäste sind aufs Auto umgestiegen, viele ehemalige Ferienheime geschlossen. Daher fuhr am 10. September 1990 auch der vorerst letzte Schnellzug nach Putbus. Er kam aus Halberstadt und rollte zurück nach Erfurt. Dieser Aufwand lohnt sich heute nicht mehr.

Dennoch setzt sich ein gut besetzter Bäderzug – die Lokomotive mit dem Tender voran – nach Göhren in Bewegung. Links noch einmal ein Blick auf den Traditionsbereich mit den Museumswagen, die Laderampe für das Verladen der Schmalspurfahrzeuge auf normalspurige Transportwagen und die Reste des Brückenbauwerks der Schmalspurbahn nach Altefähr, um die Normalspurstrecke nach Bergen (Rügen) zu überqueren.

Rechts ist zwischen Hünengräbern der 46 m hohe Bakenberg sichtbar. Hinter der Ortschaft Beuchow erreicht die Trasse die alte Jasmunder Chaussee, die mit ihrem reichen Baumbestand zu den schönsten Alleen Rügens gehört und zu einer Zeit entstand, als an den Bau von Eisenbahnen noch nicht zu denken war. Hier befand sich bis Mitte der 50er Jahre auch der Haltepunkt Lonvitz. Er ist ab 30. September 1990 als Haltepunkt Beuchow wieder in den öffentlichen Fahrplänen enthalten. Kurz vor dem Haltepunkt Posewald rollt der Zug durch den heute kaum noch für Zugkreuzungen genutzten Betriebsbahnhof Posewald. Im Haltepunkt Posewald gibt es nur einen bescheidenen Fahrgastwechsel. Einheimische, die in Putbus eingekauft haben, verlassen den Zug. Schon ruckt er an und setzt seine Fahrt zum unbesetzten Kreuzungsbahnhof Seelvitz fort. Den Ort selbst gibt es heute nicht mehr. Von hier aus ist der 1,5 km entfernte Zeltplatz Groß Stresow erreichbar. Rechts sind einige Häuser des Dorfes Nistelitz zu sehen, davor wiederum zahlreiche Hünengräber. Jetzt fällt die Strecke steil ab und verläuft an einer Niederung entlang, um dann die Fernverkehrsstraße B 196 zu überqueren. Am Haltepunkt Serams, einst mit Ladegleis für den Güterverkehr ausgestattet, halten die Züge nur nach Bedarf. Hinter Serams fährt der Zug in Richtung Norden, links befindet sich das Pantower Moor, rechts ist ein Teil des Schmachter Sees zu sehen. Auf der jetzt recht kurvenreichen Strecke nähert sich der Zug dem Ostseebad Binz. Vor der Trapeztafel bleibt der Zug stehen. Mittels Dampfpfeife wird die freie Einfahrt in den Bahnhof Binz Ost erfragt. Auf dem Kreuzungsgleis steht der Gegenzug aus Göhren, bespannt mit einer Burger Maschine, der 099 781 (ex 99 4802). Sie signalisiert – ebenfalls mit Dampfpfeife – die freie Einfahrt. Der Putbusser Zug rollt in den Bahnhof. Wenig später setzt er seine Fahrt nach Göhren fort.

Von den einstigen Gleisanlagen des heutigen Bahnhofs Binz Ost sind lediglich das Kreuzungsgleis und ein Abstellgleis übrig. Doch die Hochbauten erinnern daran, daß hier vor Jahrzehnten ein sehr reger Zugverkehr herrschte.

Binz selbst ist der größte Badeort Rügens und war 1318 im Besitz der Herrschaft Putbus. Seit 1876 ist Binz Bad, das von 1888 bis 1910 großzügig erweitert wurde und heute 6 500 Einwohner

Sonderzug bei Seelvitz im Jahre 1989 mit der Lokomotive 99 4632, dem Traditionszug und einigen Fahrzeugen aus dem regulären Wagenpark. Foto: Krentzien

Putbus am 1. Juli 1967. Links ausfahrender Zug nach Göhren mit der aus Burg (bei Magdeburg) 1965 übernommenen Henschel-Lokomotive und Reisezugwagen sächsischen Ursprungs; rechts der Zug nach Altefähr mit einer „echten“ Rügen-Lokomotive. Foto: Meyer

99 4802
99 4631

Ein Bäderzug nach Göhren im September 1956 am Haltepunkt Jagdschloß. Foto: Sammlung Krentzien

zählt. Bereits vor dem Ersten Weltkrieg sollten die Badeorte Binz, Sellin, Baabe und Göhren durch eine Normalspurbahn erschlossen werden. Kostenvoranschläge, aber auch Vermessungsarbeiten für verschiedene Streckenführungen standen auf der Tagesordnung. 1926 und 1930 war die Umspurung wiederum in der Diskussion, Vorarbeiten wurden in Angriff genommen. Erst Mitte der 30er Jahre nahm das Projekt einer Normalspurbahn Lietzow–Binz–Göhren Gestalt an. Durch den Beginn des Zweiten Weltkriegs konnte das Vorhaben nicht in Gänze verwirklicht werden. Am 15. Mai 1938 wurde die Strecke Lietzow–Binz eröffnet. Ab 1940 trug der Kleinbahnhof die Bezeichnung Binz Landesbahn, seit 1950 heißt er Binz Ost. Anfang der 60er Jahre, als an eine Stillegung des rügenschen Schalspurnetzes noch nicht zu denken war, gab es bei der Deutschen Reichsbahn Vorschläge, eine rund 2,5 km lange schmalspurige Neubaustrecke Binz Ost–Binz herzustellen, übrigens ein Gedanke, der beim Ausbau der Infrastruktur Rügens erneut überdacht werden sollte.

Inzwischen hat der Zug Binz Ost in Richtung Göhren verlassen. Jetzt beginnt der reizvollste Teil des „Rasenden Roland" – eine für diese Schmalspurbahn von wahrscheinlich sächsischen Feriengästen in den 50er Jahren geborene Bezeichnung. Mit einer Steigung von 1:50 und lauten Auspuffschlägen der Lokomotive rollt der Bäderzug durch einen dichten Laubwald zum 50 m über NN befindlichen Haltepunkt Jagdschloß. Viele Touristen und Feriengäste verlassen hier den Zug, um auf einem Waldweg das 1836 nach Plänen von Steinmeyer und Schinkel errichtete spätklassizistische Schloß samt dem 38 m hohen Aussichtsturm zu erreichen. Kurz vor Graftitz verläßt die Trasse den Wald. Wenig später folgt der gleichnamige Haltepunkt. Während hinter dem Zug das Jagdschloß herübergrüßt, sind rechts der Kirchturm von Lanken-Granitz und der Neuensiener See zu sehen. Nach kurzem Halt fährt der Bäderzug weiter durch den Wald, links

Granitz und rechts den Forthberg zurücklassend. Und schon bald kommt Sellin in Sicht. Die Strecke neigt sich dem ehemaligen Haltepunkt Sellin West zu, der 1931 aufgelassen wurde. Das aus der Anfangszeit der Bahn stammende Bahnhofsgebäude, einst mit einem gut gehenden Restaurant ausgestattet, gibt es noch heute.

In unmittelbarer Nähe ist das alte, 1295 gegründete und ursprünglich zum Kloster Eldena bei Greifswald gehörende Fischerdorf Sellin auszumachen. Ab 1880 entwickelte sich auch hier der Fremdenverkehr. Im Jahre 1900, gefördert durch die Kleinbahn, zählte man bereits 5 000 Badegäste. Heute hat Sellin 1 200 Einwohner. Der 2 km^2 große Selliner See, der in den 30er Jahren Wasserflugzeuge mit Urlaubern aus Berlin als Start- und Landeplatz diente, ist von hier gut erkennbar. Nun überquert die Trasse die Selliner Ortsstraße und kurz danach die B 196. Die Strecke hat hier mit 3 m über NN die tiefste Stelle.

Während sich das eigentliche Ostseebad links vom Gleis befindet, fährt der Zug in den in einer Rechtskurve angelegten Bahnhof Sellin, früher Sellin Ost, ein. Er wird heute noch in den Sommermonaten für Zugkreuzungen genutzt. Bis 1975 wurden hier, wie in Binz Ost, Baabe und Göhren, mit den planmäßigen Personenzügen Güterwagen bereitgestellt und abgeholt. Sie dienten dem Expreßgut- bzw. Gepäckverkehr, den aber aus Rationalisierungsgründen der Kraftverkehr zu einem Zeitpunkt übernahm, als die Bäderbahn bereits als technisches Denkmal galt und von der Stillegungsliste der Deutschen Reichsbahn gestrichen war.

Ohne Zugkreuzung, aber nach starkem Fahrgastwechsel, fährt der „Rasende Roland“ an der linken Seite der B 196 weiter nach Baabe. Vor dem Bahnhof befindet sich der Mönchgraben. Er bildete einst die Grenze zum Mönchgut, das in alten Zeiten zum Besitz des Klosters Eldena zählte. Das Bahnhofsgebäude entstand als Standardbau vor dem Ersten Weltkrieg. Baugleiche Häuser stehen u. a. in Demmin, Stavenhagen, Altentreptow (ex Demminer Kleinbahnen) und in Bergen (Rügen) Ost. Neben dem Bahnhof ist die Haltestelle der Buslinie in Richtung Middelhagen und Thießow zu erkennen.

Mit lautem Gepfeife kreuzt der Zug nun mehrere Straßen von Baabe, das heute rund 500 Einwohner hat. Schon vor dem Zweiten Weltkrieg stießen hier gelegentlich Kraftfahrzeuge mit den Kleinbahnzügen zusammen, Unfälle die sich auch heute noch gelegentlich wiederholen. Viele Autofahrer nehmen die Dampfeisenbahn offensichtlich nicht ernst genug.

Der Zug folgt wiederum der B 196. Bald kommt die ehemalige Haltestelle Philippshagen in Sicht. Die gleichnamige Dömäne ist 2,5 km vom heutigen Haltepunkt entfernt und gehört zur Gemeinde Middelhagen. Neben dem kleinen Bahnhofsgebäude steht ein ehemaliges Restaurant, das sich früher großer Beliebtheit erfreute. In den ersten Jahrzehnten der Rügenschen Kleinbahnen herrschte ab Philippshagen reger Holzversand auf der Schiene. Das Ladegleis ist längst verschwunden, erkennen kann man aber noch die aus Kopfsteinpflaster bestehende Ladestraße. Der Fahrgastwechsel ist hier gering geworden; auch dieser Zug braucht nicht zu halten, da der Fahrplan nur einen Halt nach Bedarf vorsieht – und dieser besteht jetzt nicht.

Durch die Baaber Heide wird die Fahrt fortgesetzt. Die Bremsen werden angezogen, der Zug verlangsamt seine Fahrt und hält. Göhren auf Rügen. Nach 24,4 km Endstation. Nur 3 min Fußweg, und der Strand ist erreicht. Der 1962 errichtete Lokomotivschuppen, das Beamtenwohnhaus von 1899, die Versorgungseinrichtungen für die Lokomotivrestaurierung, das 1928 entstandene Empfangsgebäude und das seit 1899 vorhandene und heute als Gaststätte genutzte alte Bahnhofsgebäude ergeben ein architektonisch einmaliges Ensemble, das typische Hochbauten des pommerschen Kleinbahnwesens enthält.

Ein Besuch der Gemeinde Göhren als charakteristisches Ostseebad lohnt auf alle Fälle. Göhren wurde 1276 als Fischerdorf des Mönchgutes gegründet, 1877 registrierte man die ersten Badegäste, 1901 waren es bereits 6 800. An dem 1963 er-

Sonderzug hinter dem Haltepunkt Jagdschloß auf der Fahrt in Richtung Binz im Jahre 1988. Foto: Krentzien

99 4633-6

99 4801-9
99 4632-8
DR

99 570
99 570

Abgestellt im Lokomotivschuppen der Einsatzstelle Putbus des Bw Stralsund: die Dampflokomotiven (v. l. n. r.) 99 4802, 99 4801 und rechts die Diesellokomotive 100 901.
Foto: Krentzien

Haltepunkt Jagdschloß vor dem Ersten Weltkrieg mit einem Zug in Richtung Putbus. Hinter der Lokomotive befindet sich ein sogenannter Sommerwagen – ein für den Personenverkehr bei Bedarf aufzurüstender offener Güterwagen.
Foto: Sammlung Krentzien

Zugkreuzung auf dem Bahnhof Binz Ost im Winter 1989, links der Zug nach, rechts der Zug von Göhren. Foto: Krentzien

Zug aus Göhren am 26. Juni 1960 in Putbus. Lokomotive und Gepäckwagen sind aus dem Bestand der Reichsbahndirektion Dresden auf die Insel Rügen gelangt. Foto: Meyer

öffneten Mönchgut-Museum, u. a. mit Modellen von der Kleinbahn, sollte man auf keinen Fall vorbeigehen. Auf dem Freigelände steht ein großer Frachtmotorsegler aus dem Jahre 1906. Göhren zählt heute 1 800 Einwohner.

Doch zurück zur Schmalspurbahn. Daß diese nicht, wie ursprünglich vorgesehen, bis 1976 stillgelegt wurde, ist vor allem dem Bezirksvorstand Greifswald des Deutschen Modelleisenbahn-Verbandes der DDR zu verdanken. Am 13. Oktober 1974 organisierten Eisenbahnfreunde eine Sonderfahrt aus Anlaß des 75jährigen Bestehens der Bäderbahn. Eingeladen wurden zahlreiche einflußreiche Funktionäre, die man für den Erhalt der Bahn gewinnen wollte. Das Ziel, die Bahn von der vorgesehenen Stillegung zu verschonen, konnte schließlich erreicht werden. Schon während der Rückfahrt nach Putbus stand fest: Die Strecke Putbus–Göhren wird als letzte pommersche 750-mm-Bahn technisches Denkmal. 1975 wurde es als solches beim Rat des Bezirks Rostock registriert. Von 1976 bis 1979 wurden der Oberbau erneuert und ab 1977 der Wagenpark in der Werkabteilung Perleberg des Raw Wittenberge modernisiert. Perleberger Werkstatteisenbahner versetzten ausgewählte Reisezugwagen ab Mitte der 80er Jahre für den Traditionszug weitgehend in den Ursprungszustand.

Bis 1989 beförderte die Bäderbahn bis zu 700 000 Fahrgäste jährlich, davon waren 85 % Urlauber und Kurgäste. Diese Leistungen sanken nach der Wiedervereinigung Deutschlands.

Dennoch erfreut sich die Schmalspurbahn auch jetzt vor allem während der Sommermonate großer Beliebtheit. Sie ist ein fester Bestandteil der Region, obwohl noch nicht feststeht, wie und unter welcher Regie der Betrieb künftig geführt werden wird.

Die Deutsche Reichsbahn trennt sich in absehbarer Zeit von dieser Bahn; die an ihr liegenden Kommunen, der Landkreis Bergen (Rügen) und das Land Mecklenburg-Vorpommern sind sich aber

Vor dem Lokomotivschuppen in Putbus: 100 901 (ex Köf 6001, ex Heeresfeldbahn), 99 4632 (ex Rü.K.B. 52^{Mh}) und 99 4801 (ex Kleinbahnen des Kreises Jerichow I). Foto: Krentzien

99 4801-9

Zug mit der Mallet-Lokomotive 34^{nn} abfahrbereit in Philippshagen nach Putbus Mitte der 30er Jahre.
Foto: Sammlung Meyer

über den langfristigen Erhalt der Bahn einig. Noch 1993 soll eine Gesellschaft mit beschränkter Haftung gegründet werden und die Bahnanlage mit ihren Fahrzeugen übernehmen.

Die Aussicht, daß der „Rasende Roland" noch nach der Jahrhundertwende in Aktion sein wird, ist aber berechtigt.

Lokomotiven der Rü.K.B.-Erstausstattung um 1900 in Putbus. Rechts das noch heute vorhandene ehemalige Verwaltungsgebäude der Rü.K.B. Foto: Sammlung Krentzien

Schneepflüge werden stets an einen offenen Güterwagen angebracht. Lokomotive 53^{Mh} im Schneeinsatz bei Graftitz Mitte der dreißiger Jahre. Foto: Sammlung Krentzien

Bekanntmachung.

Die Eröffnung des Betriebes der Rügenschen Kleinbahnen auf der Strecke Putbus-Binz für den Personenverkehr, sowie im beschränkten Maße für den Güterverkehr findet, die noch zu ertheilende landespolizeiliche Genehmigung vorausgesetzt,

Mitte Juli d. Js.

statt. Der Tag der Eröffnung wird noch besonders bekannt gemacht werden.

Die Beförderungspreise für Personen werden in den der Personenbeförderung dienenden Räumen durch Aushang bekannt gemacht. Die Beförderungspreise für Güter sind aus den Tarifen ersichtlich, welche bei uns und den Dienststellen der Rügenschen Kleinbahnen käuflich zu haben und ebendort während der Geschäftsstunden einzusehen sind.

Fahrplan
vom Tage der Betriebs-Eröffnung.

Zug 1	ab	Putbus	9	Uhr		Vorm.
	an	Binz	9	„	56 Min.	„
Zug 2	ab	Binz	6	„	39 „	„
	an	Putbus	7	„	35 „	„
Zug 3	ab	Putbus	3	„	— „	Nachm.
	an	Binz	3	„	56 „	„
Zug 4	ab	Binz	12	„	25 „	„
	an	Putbus	1	„	21 „	„
Zug 5	ab	Putbus	8	„	45 „	Abends
	an	Binz	9	„	41 „	„
Zug 6	ab	Binz	6	„	20 „	„
	an	Putbus	7	„	16 „	„

Betriebs-Abtheilung Stettin
der Gesellschaft m. b. H. H. Lenz & Co.

Im Frühsommer des Jahres 1895 erschien diese Meldung in allen vorpommerschen Lokalanzeigern.
Repro: Sammlung Krentzien

11 Stillgelegte Strecken der Rügenschen Kleinbahnen

Von Altefähr über Garz (Rügen) nach Putbus

Für eine Fahrt auf dieser Schmalspurbahn müssen die Erinnerungen bemüht werden.

Auf dem Bahnhof Altefähr eingetroffen, ging es unter der Hauptbahn hindurch zum Kleinbahnhof. Das Dorf selbst liegt jenseits – also westlich – der Eisenbahnanlagen am Strelasund und beginnt an der Uferschlucht. Bis zur Inbetriebnahme des Rügendamms 1936 hatte die Gemeinde Altefähr durch die Fähranlagen eine besondere Bedeutung. Schon im 13. Jahrhundert legten hier regelmäßig Fähren an. Heute hat Altefähr rund 1 400 Einwohner.

Der Kleinbahnhof mit seinen Klinkerbauten zählte zu den modernsten in Deutschland. Er wurde erst beim Bau des Rügendamms angelegt. Der alte Fähr- und Kleinbahnhof dagegen lag um etwa 30° gedreht gegenüber dem jetzigen Bahnhof am Brückenkopf. Die Einrichtung eines neuen Kleinbahnhofs war Anfang der 30er Jahre sehr umstritten. Man wollte hier gänzlich auf die Schmalspurbahn verzichten. Da aber der Güterverkehr, insbesondere während der Rübenkampagne, zu bewältigen war, setzten sich die Befürworter der Kleinbahn durch. So entstanden neue Gleisanlagen, ein zweigleisiger Lokschuppen und ein neues Bahnhofsgebäude.

Der Güterzug mit Personenbeförderung, bestehend aus der Lokomotive 99 567, einer „Sächsin“, einigen ebenfalls von der Rbd Dresden übernommenen Reisezugwagen sowie mehreren G- und O-Wagen setzte sich mit dem Ziel Putbus in Bewegung. Links waren die Umladeanlagen zu sehen. Sie wurden noch bis zum 3. Dezember 1967 genutzt und später, wie die gesamten Gleisanlagen dieser Strecke, restlos abgebaut. Ursprünglich war die Stillegung bereits am 24. September 1967 vorgesehen. Dementsprechend wurde dies auch im Kursbuch der Deutschen Reichsbahn, Winterfahrplan 1967/68, vermerkt. Doch standen die für den Verkehrsträgerwechsel – so die seinerzeitige Bezeichnung – erforderlichen Omnibusse und Lastkraftwagen nicht rechtzeitig zur Verfügung. Und so mußte der auf den Busverkehr orientierte Fahrgast

Das repräsentative Empfangsgebäude in Binz entstand Mitte der 30er Jahre und ist seitdem für Bahnreisende das Eingangstor in das Ostseebad.
Foto: Krentzien

Schnellzug Binz–Dresden am Jasmunder Bodden kurz vor Lietzow. Foto: Krentzien

Die Lokomotive 99 4632 (099 070) vor einem überwiegend in den Ursprungszustand zurückversetzten Wagenpark bei Serams. Foto: Krentzien

Ein Sonderzug mit der Lokomotive 99 4632 (099 770) bei Seelvitz. Der hinter dem Gepäckwagen befindliche Reisezugwagen ist ein Fahrzeug einer ehemaligen Speisewageneinheit, das sein ursprüngliches Aussehen wieder erhalten hat. Foto: Krentzien

Lokomotive 99 4801 (099 780) vor der Einsatzstelle Putbus des Bw Stralsund im Winter 1985.
Foto: Krentzien

Lokomotive 99 4633 (099 771) abfahrbereit in Putbus nach Altefähr im August 1966. Die ersten beiden Reisezugwagen wurden von der Burger Schmalspurbahn umgesetzt. Ursprünglich gehörten die Fahrzeuge der Schlawer Kleinbahn (heute Polen).

Die mit einem neuen Kessel ausgerüstete Lokomotive 99 4633 (099 771) in Originalfarbgebung am 18. November 1992 in Posewald.

Sonderfahrten auf der Strecke Putbus–Göhren werden auch in den Wintermonaten organisiert. Diese Aufnahme entstand unweit vom Bahnhof Sellin.
Foto: Krentzien

994633
99 4633
DR
DR

Vor dem Anlegen eines Trajekts an der Wittower Fähre im Jahre 1966. Foto: Kieper

Der Mittagszug nach Altenkirchen abfahrbereit im Bahnhof Fährhof im Jahre 1966. Foto: Kieper

Wiek auf Rügen 1966. Der Mittagszug hat einen Güterwagen mitgebracht, der nun entladegerecht aufgestellt wird. Foto: Kieper

Die Lokomotive 03 0090 war viele Jahre vor internationalen Schnellzügen u. a. zwischen Saßnitz und Berlin zu sehen. Als Ausstellungsstück konnte sie von Eisenbahnern des Bw Stralsund gut gepflegt viele Jahre Eisenbahnfreunden präsentiert werden.
Foto: Krentzien

Lokomotiven der Baureihe 298 sind seit 1992 im Bereich des Bahnhofs Saßnitz Hafen im Rangierdienst eingesetzt.
Foto: Krentzien

Vor der Lokeinsatzstelle in Bergen (Rügen) Ost 1966: links 99 545 und rechts 99 552, beide ex Rbd Dresden.
Foto: Kieper

von auswärts noch ein knappes Vierteljahr mit den dampfenden Schmalspurzügen vorliebnehmen.

Zunächst durchfuhr der Zug ein Gebiet intensiver Landwirtschaft. Die folgenden Haltestellen dienten in erster Linie dem Güterverkehr. Unbedeutende Ladestellen, wie die in Jarkvitz (km 2,60) und Saalkow (km 3,55) hinter Altefähr, wurden nach 1950 stillgelegt. Sie waren zuletzt vom fahrenden Zug auch kaum auszumachen. Erstmals hielt der GmP in Nesebanz und das auch nur nach Bedarf. Es folgte Gustow, wo gelegentlich Zugkreuzungen stattfanden. Ebenfalls mitten in der rügenschen Agraregion folgten Prosnitz, Sissow und Glutzow. Keinesfalls ist dieser Landstrich nur flach. Bodenerhebungen sind typisch. Einschnitte und Dammaufschüttungen blieben beim Bahnbau mitunter unumgänglich, so auch bei Poseritz. Der von hier in Richtung Neparmitz noch gänzlich erhaltene Bahndamm wird derzeit als Radfahr- und Wanderweg hergerichtet. In Poseritz war neben dem üblichen Ladegleis außerdem ein Kreuzungsgleis vorhanden, das bis zur Stillegung der Strecke auch genutzt wurde. Nun klapperte der Zug über Neparmitz nach Puddemin am gleichnamigen Wiek. Die einst umfangreichen Gleisanlagen, ergänzt durch eine Wasserstation und Kohlenbansen, ermöglichten mehrere Jahrzehnte einen regen Umladebetrieb im dortigen Hafen. Hier wurde Kreide in Kähne verladen, die per Bahn mit Kippwagen aus dem Kreidebruch Klein Stuben von der dortigen Werkbahn ab Garz West „im Transit“ über die Kleinbahnstrecke nach Puddemin gelangten. Bis zur Eröffnung des Rügendamms erhielten die Rügenschen Kleinbahnen über diesen Anschluß einen großen Teil der Dienstkohle. Der Hafenumschlagbetrieb gehört aber bereits seit 1952 der Vergangenheit an.

Nun folgte Groß Schoritz. Wie an vielen Haltestellen der Strecke Altefähr–Putbus endete auch hier auf einer kleinen Laderampe eine 600-mm-spurige Feldbahn des gleichnamigen Gutes. Die letzten dieser mit Pferden betriebenen Bahnen erwiesen sich spätestens durch die gleich nach dem Zweiten Weltkeig eingeleitete Bodenreform als überflüssig.

Über Wendorf und Renz gelangte der Zug zum Bahnhof Garz (Rügen) West. Er entstand erst im Jahre 1907 als Anschluß für die Kreidewerkbahn nach Klein Stubben. 1959 wurde die Werkbahn stillgelegt, nachdem der Kreideabbau von 1945 bis 1952 geruht hatte. Eine 1954 vom VEB Lokomotivbau „Karl Marx“ Babelsberg gelieferte Diesellokomotive wurde von der Deutschen Reichsbahn übernommen und für Rangierarbeiten abwechselnd auf den Bahnhöfen Altefähr und Bergen (Rügen) Ost eingesetzt. Sie erhielt die Bezeichnung Kö 6005. Nach weiteren 3 min Fahrt wurde der Bahnhof Garz (Rügen) erreicht. Garz, die älteste Stadt Rügens mit einem slawischen Ringwall, war schon 1207 Sitz des regierenden Fürsten von Rügen. 1930 wurde hier das erste Diabetikerheim Deutschlands eröffnet. Heute zählt Garz rund 2 500 Einwohner. Bis zur Betriebseinstellung war Garz (Rügen) Lokomotivstation, in der über Nacht stets eine Lokomotive abgestellt wurde, die den letzten Zug von und den ersten Zug nach Altefähr brachte. Neben mehreren Ladegleisen existierten hier auch zwei Beamtenwohnhäuser, in denen mehrere Kleinbahner-Familien untergebracht waren.

Nach kurzem Aufenthalt bewegte sich der durch weitere Güterwagen verlängerte Zug in Richtung Putbus weiter. Hinter Karnitz (Rügen) folgte Ketelshagen. Hier endete eine 600-mm-spurige Werkbahn der dortigen Ziegelei, die seit 1929 die durch Deckungssignale gesicherte Kleinbahnstrecke kreuzte. Die Werkbahn war beidseits des Kleinbahngleises durch Gleissperren im Abstand von je 15 m gesichert. 10 min vor jeder Kleinbahnfahrt durfte die Kreuzung nicht mehr benutzt werden. Wenig später fuhr der GmP durch Güstelitz, um schließlich im Haltepunkt Putbus West planmäßig zu halten. Er diente nie dem Güterverkehr und wurde erst nach 1920 infolge der Konkurrenz des Kraftomnibusverkehrs angelegt. Knapp 1 km dahinter bestand von 1930 bis 1945 ein nichtöffentliches Ladegleis mit Seitenrampe, die sich in unmittelbarer Nähe der Landstraße Bergen–Putbus befand. Das Gleis wurde durch eine Schutzweiche gesichert. Nun fuhr der Zug über das einzige große Brückenbauwerk der Kleinbahn: die Überführung über die normalspurige Nebenstrecke Bergen–Putbus–Lauterbach. Sie entstand noch vor dem Ersten Weltkrieg und war der einzige verwirklichte Bestandteil eines Projekts für den Umbau des Bahnhofs Putbus mit einem gemeinsamen Bahnsteig für Normal- und Schmalspurbahn. Zuvor mußte das Normalspurgleis durch die Kleinbahn niveaugleich gekreuzt werden. Der Kleinbahnhof Putbus war nach zweistündiger Fahrt das Ziel dieser Reise. Die wenigen Fahrgäste verschwanden in Windeseile. Niemand wartete auf den Bäderzug nach Göhren – früher ein alltägliches Bild.

Von Bergen (Rügen) Ost über Wittower Fähre und Fährhof nach Altenkirchen

Bergen (Rügen) Ost in den Morgenstunden des 19. Januar 1970. Eine dicke Schneedecke erstreckt sich nicht nur über den Bahnhof, sondern über ganz Rügen. Lok- und Zugbegleitpersonal rüsten trotz starken Schneefalls gegen 4.30 Uhr den Zug 841 nach Wittower Fähre auf. Plötzlich knirscht es im Schnee. Ein Pkw fährt langsam an das Bahnhofsgebäude und hält an. Ein Mitarbeiter aus der Rbd Greifswald steigt aus, geht auf die Eisenbahner zu und bittet um Gehör. Kurz und knapp teilt er mit, daß ab heute kein Personenzug mehr verkehrt. Die Reisezugfahrten übernehmen ab sofort Omnibusse. Lediglich ein Bedarfsgüterverkehr nach Trent wird aufrechterhalten. Den Eisenbahnern fehlen die Worte. Zwar wußten sie, daß ihr Bähnchen nicht mehr allzu lange fahren wird, aber mit einem solchen Ende hatte niemand gerechnet.

1937 steht der Triebwagen T 1 der Rü.K.B. mit zwei Behelfsbeiwagen in Bergen Klbf. Foto: Sammlung Kieper

Der Bahnhof Fährhof am 26. Juni 1960. Lokomotive 99 4602 holt von der Fähre Güterwagen, um sie mit dem Personenzug in Richtung Altenkirchen zu bringen. Foto: Meyer

99 4602

Bis zum 26. September 1970 verkehrten die Busse als Schienenersatzverkehr, wie bereits seit dem 10. September 1968 auf dem Abschnitt Fährhof–Altenkirchen. Zwischen der Rbd Greifswald und dem VEB Kraftverkehr wurden ausgiebige Verhandlungen notwendig. Schließlich war das Reiseverkehrsaufkommen so gering, daß auch der Omnibusverkehr keinen nennenswerten Gewinn erwirtschaftete. Übergeordnete Stellen wiesen dann den „Verkehrsträgerwechsel" im Rahmen der „sozialistischen Arbeitsteilung Schiene/Straße" im „gesamtvolkswirtschaftlichen Interesse" an. Ab 27. September 1970 wurden alle Beförderungsleistungen in die Regie des Kraftverkehrs übernommen, die Deutsche Reichsbahn war von der Betriebspflicht entbunden. Die Kleinbahner fanden – sofern nicht schon im Rentenalter – bei der „Großbahn" neue Beschäftigung. Arbeitskräfte waren damals überall knapp.

Im Jahre 1968 funktionierte diese einzigartige Schmalspurbahn noch, bei der offensichtlich die Zeit stehengeblieben war. Die Betriebstechnologie und der Fahrzeugpark waren damals durchschnittlich 70 Jahre alt!

Vom Normalspurbahnhof Bergen (Rügen) ging es zu Fuß über den nördlich gelegenen Bahnübergang zum Ostbahnhof. Am Bahnsteig stand der GmP 9207 abfahrbereit nach Wittower Fähre, voran die Lokomotive 99 4631, ein zweiachsiger Gepäckwagen, drei zweiachsige Personenwagen und ein Vierachser sächsischer Herkunft mit Stahlblechverkleidung und Oberlichtaufbau. Der Bahnhof Bergen (Rügen) Ost, einst Bergen (Rügen) Kleinbahnhof und von 1940 bis 1950 als Bergen (Rügen) Landesbahn bezeichnet, war mit seinem 1952 gebauten Lokschuppen, den Überladerampen, dem Empfangsgebäude und der Gleisführung ein typischer Vertreter der einst zahlreichen Kleinbahnhöfe an den Streckenausgangspunkten in Pommern.

Pünktlich um 5.43 Uhr verließ der Zug mit weniger Fahrgästen als Reisezugwagen die Ausgangs-

station in Richtung Osten. Im Hintergrund war die morgendliche Silhouette der Kreisstadt Bergen mit ihren knapp 15 000 Einwohnern zu erkennen. Zur Kreisstadt Rügens wurde Bergen erst 1806. Hervorgegangen war der Ort aus einem Kloster ab 1193. Mit dem Kloster auf dem 91 m hohen Rudard-Berg entstand der erste Steinbau der Insel: die St. Marien-Kirche, das Wahrzeichen der Stadt. Erst 1613 erhielt Bergen das Stadtrecht.

Der Zug folgte nun einem baumumsäumten Landweg. Ohne große Höhenunterschiede verlief die Trasse in Richtung Wittower Fähre durch ausschließlich landwirtschaftlich genutzte Gebiete. Lediglich bei Woorke in der Nähe von Kartitz durchquerte die Trasse ein Areal mit zahlreichen auf Rügen typischen Hünengräbern, um den bis zur Einstellung des Reiseverkehrs für Zugkreuzungen genutzten Bahnhof Bubkevitz zu erreichen. Wie zahlreiche andere Halte- und Ladestellen endeten hier bis 1945 Feldbahnanlagen, die die Güter mit der dem öffentlichen Verkehr dienenden Kleinbahnstrecke verbanden. In den 50er Jahren war hier eine Bäuerliche Handelsgenossenschaft eingerichtet worden, die Anschlußgleise erhielt. Etwas Abwechslung in der Landschaft bot die Aussicht an der Neuendorfer Wiek. Bald aber war die Station Trent in Sicht, ein Kreuzungsbahnhof mit regem Güterverkehr. Hier konnten die Lokomotiven mittels Pulsometer den Wasservorrat ergänzen.

Vom 20. Januar 1970 bis zum 25. September 1971 wurde zwischen Bergen (Rügen) Ost und Trent noch ein unregelmäßiger Bedarfsgüterverkehr aufrechterhalten, um die mit einem unzurei-

Ein Schiff der Wittower Fähre konnte maximal drei zweiachsige Schmalspurwagen aufnehmen. Die Aufnahme entstand in den 50er Jahren. Foto: Sammlung Krentzien

Rangierarbeiten in Wiek (Rügen) 1966. Die Lokomotive 99 4651 ist eine während des Zweiten Weltkrieges gebaute Maschine für die Heeresfeldbahn und war von 1948 bis 1964 in Dahme (Mark) beheimatet. Foto: Kieper

Noch vor dem Einfahrsignal des Bahnhofs Wittower Fähre (Trapeztafel, links) befand sich der 1955 errichtete Lokomotivschuppen. Diese Aufnahme mit einer sächsischen IV K-Lokomotive entstand 1966.
Foto: Kieper

Vom Fährschiff BERGEN ein Blick auf den Bahnhof Fährhof im Jahre 1966. Bevor die Güterwagen trajektiert werden, haben zunächst Kraftfahrzeuge Vorfahrt. Foto: Kieper

chenden Lastkraftwagenpark ausgestatteten landwirtschaftlichen Betriebe vor allem mit Kohlen und Dünger zu versorgen. Sämtliche Güter mußten in Bergen (Rügen) Ost umgeladen werden, denn für einen Rollfahrzeugverkehr waren die Rü.K.B.-Strecken zu keiner Zeit ausgerüstet. Die Deutsche Reichsbahn bemühte sich, den Restgüterverkehr so schnell wie möglich loszuwerden und verfügte den Einsatz der beiden Diesellokomotiven 100 901 (ex Köf 6001) und 100 902 (ex Köf 6003). Dabei handelte es sich um zwei ehemalige Heeresfeldbahnfahrzeuge aus dem Zweiten Weltkrieg, die – aus dem Schadpark der Deutschen Reichsbahn stammend – in den 50er Jahren für die Schmalspurstrecken der Rbd Berlin im Raw Dessau reaktiviert wurden. (Die 100 901 gehört heute als 399 703 zum Bestand der Einsatzstelle Putbus des Bw Stralsund als Arbeitszuglok.) Ohne das Wissen der Rbd Greifswald heizte das Personal aber hin und wieder die Lokomotive 99 587 (ex Sachsen) an, um Kleinbahnatmosphäre zu schaffen und die Restkohle in Bergen (Rügen) Ost aufzubrauchen.

Zurück in das Jahr 1968! Der Zug verließ Trent, der Chaussee Bergen (Rügen)–Wittower Fähre folgend. Parallel zu ihr klapperte der GmP zur Wittower Fähre, vorbei an dem 1955 errichteten eingleisigen Lokschuppen zum Fährbahnhof. Die wenigen Reisenden stiegen aus. Die mit Kopfsteinpflaster versehene Straße sah bereits vor dem Bahnbau nicht anders aus. Nach der Streckenstillegung blieb sie zunächst unverändert. Mit dem Kleinbahntrajekt, das vornehmlich von Kraftfahrzeugen genutzt wurde, gelangten die Fahrgäste zum Bahnhof Fährhof auf der Halbinsel Wittow. Güterwagen waren diesmal nicht überzusetzen. Und so blieben 30 min Zeit, um den einmaligen Kleinbahnhof Fährhof mit seinem Pulsometerbrunnen, dem Lokschuppen, der als Bahnhofsgebäude dienenden Wellblechbude und die Gleisanlagen zu inspizieren.

Vor dem echten Rü.K.B.-Wagenzug – es sind drei Personenwagen, der Gepäckwagen und sechs offene Güterwagen – stand eine modern aussehende Schlepptenderlokomotive. Auch sie war ein Heeresfeldbahnfahrzeug, das 1945 von der so-

99 4652

wjetischen Besatzungsmacht für die Inbetriebbnahme der neu gegründeten Luckenwalde-Jüterboger Eisenbahn mit Sitz in Dahme (Mark) zur Verfügung gestellt worden war, nach Übernahme dieses Schmalspurnetzes durch die Deutsche Reichsbahn die Nummer 99 4652 erhielt und 1964 für den Einsatz auf der rügenschen „Nordbahn“ von der Rbd Greifswald übernommen wurde. 1974 erwarb ein Bielefelder Eisenbahnfreund die Lok. Jetzt beabsichtigt er, diese Maschine für den zeitweiligen Einsatz auf der Bäderbahn nach Putbus zu schicken.

Inzwischen war die Abfahrtszeit herangerückt. Der letzte Wagen bot von der Plattform aus einen guten Blick auf die Strecke und die Landschaft. Um 8.20 Uhr – pünktlich – verließ der halbleere Zug 1271, die Lokomotive mit dem Tender voraus, den ewig windigen Bahnhof Fährhof, auf dessen Abstellgleisen einige Verstärkungs- und zahlreiche O-Wagen einsam zurückblieben.

Nach etwa 2 km Fahrt folgte der Zug bis kurz vor Woldenitz dem Breetzer Bodden. Weiter ging es sozusagen auf dem Sommerweg einer kleinen Landstraße. Hinter Schmantevitz und Bohlendorf folgte die Trasse einem Feldweg in Richtung Wiek, das der Zug vor Plan erreichte. Die Lokomotive kuppelte ab und rangierte auf dem kleinen Hafenbahnhof am gleichnamigen Bodden. Fischkutter lagen am Hafen – das Fluidum war einmalig. 1,18 km von hier entfernt in Richtung Altenkirchen befand sich die einstige Abzweigung Buhrow. Von 1918 an war sie der Ausgangspunkt für eine aus strategischen Gründen gebaute Strecke, die über Dranske bis zur Lotsenstation und zum Posthaus auf dem Bug führte. 1936 wurde die schon nach dem Ersten Weltkrieg kaum noch genutzte Strecke endgültig abgebaut. Erhalten blieb jedoch das Gleis bis zum 1,72 km entfernten Gramtitz-Starrvitz, welches bis 1954 im Güterverkehr bedient und 1957 abgebaut wurde. Dagegen war das 600 m vor dem Bahnhof Wiek beginnende Anschlußgleis zum größten Kinderheim der DDR, das während des Er-

Altenkirchen im August 1968: Die Lokomotive setzt sich vor den Mittagszug in Richtung Fährhof. Foto: Nickel (†)

Garz
99 4631

sten Weltkriegs entstand und ursprünglich als Marinefliegerstation diente, bis zur Stillegung in Betrieb.

Der Ort Wiek wurde 1165 um einen Burgwall gegründet und entwickelte sich zum Handelsmittelpunkt. Die turmlose Backsteinhallenkirche stammt aus dem Jahre 1400. 1819 war Wiek das größte Dorf auf Rügen, ab 1890 baute man den Hafen aus. Heute hat Wiek 2 000 Einwohner.

Mit 3 min Verspätung, aber um drei Güterwagen erleichtert, dampfte der Zug weiter, wieder in unmittelbarer Nähe der Altenkirchener Chaussee. Kurz danach wurde die Haltestelle Lüttkewitz durchfahren. Niemand wollte ein- oder aussteigen. In Schlangenlinien verlief die Trasse um die fruchtbaren Felder, die niemand für den Bahnbau hergegeben hatte. Rechts das Gut Lanckensburg; der gleichnamige Haltepunkt, im Unkraut untergegangen, wurde ebenfalls ohne Halt durchfahren. Längst wurde die Verspätung wettgemacht. Nach weiteren 4 min Fahrt klapperten unter dem Wagen Weichen. Altenkirchen, der nördlichste Bahnhof der Deutschen Reichsbahn seit 1949 – aussteigen – Endstation. Bahnhofsgebäude, Lokschuppen und Beamtenwohnhaus wurden seit 1896 kaum verändert. 1936 kam ein Triebwagenschuppen hinzu, der bis 1942 in Betrieb war. Ein moderner vierachsiger dieselhydraulischer Triebwagen fuhr seit Anfang 1937 in 100 min von Altenkirchen nach Bergen (Rügen) und zurück. Beim Trajektieren durften die Fahrgäste sitzenbleiben. Mit diesem Angebot wollten die Rügenschen Kleinbahnen zum aufkommenden Kraftverkehr eine Alternative bieten. Dann mußte das Fahrzeug an die Greifswalder Bahnen abgegeben werden, wo es 1945 unter die Reparationsleistungen an die UdSSR fiel. Nicht immer sollte Altenkirchen Endbahnhof bleiben. Schon um die Jahrhundertwende und dann noch einmal 1926 bestanden Pläne, die Strecke bis Kap Arkona zu verlängern. Diese Vorhaben kamen aus finanziellen Gründen nicht zustande. Auf dem Bahnhof Altenkirchen waren außerdem noch zwei Anschlußgleise in einen Düngerschuppen vorhanden, die bis zur Stillegung der Bahn bedient wurden.

Und anno 1993? Die Hochbauten des Bahnhofs existieren noch in einem fast unveränderten Zustand. Und da „nur" die Gleisanlagen fehlen, bedarf es lediglich etwas Phantasie, sich einen voll funktionstüchtigen Kleinbahnhof vorzustellen.

Der Besuch des Ortes Altenkirchen sollte auf keinen Fall versäumt werden. Er war ursprünglich ein wendischer Begräbnisplatz. 1314 wurde die alte Kirche erwähnt. 1532 teilten sich Altenkirchen drei Besitzer: der Pfarrer, das Kloster und die Insel Hiddensee. Erst im 19. Jahrhundert mauserte sich Altenkirchen zu einem Großdorf, das heute etwa 1 900 Einwohner zählt.

Köf 6001 mit einer Rangierabteilung in Altefähr Mitte August 1965. Hinter der Diesellok zwei Güterwagen sächsischen Ursprungs mit den Bremseinrichtungen für die zeitweilig auch auf Rügen genutzte Heberleinbremse. Foto: Kieper

Der GmP 9237 Altefähr–Putbus hat am 1. Juli 1967 den Bahnhof der ältesten Stadt Rügens, Garz, erreicht. Foto: Meyer

Wittower Fähre–Fährhof

Fährt man mit dem Auto aus Richtung Altenkirchen über Wiek und Parchow in Richtung Bergen – mit der Schmalspurbahn ist das ja nicht mehr möglich –, dann stößt der Kraftfahrer unweigerlich an eine Fähre. Während der Sommermonate erfordert es auch etwas Geduld, bis man zum Übersetzen an der Reihe ist, da großer Andrang herrscht. 485 m Wasser trennen den anderen Teil der Insel. Sicherlich werden nur wenige Fährbenutzer wissen, daß sie nun auf einem ehemaligen Eisenbahn-Trajekt den Rassow-Strom überqueren.

Mit der Einweihung der Kleinbahnstrecke Bergen (Rügen)–Altenkirchen am 21. Dezember 1896 wurde dieser Betrieb auch für Straßenfahrzeuge eröffnet. Zur Verfügung standen zwei dampfbetriebene Fährschiffe, die WITTOW und die JASMUND. Letzteres wurde 1911 durch das auf der Werft Nüschke & Co. in Stettin-Grabow gebaute Schiff JASPER VON MALTZAHN (nach dem Zweiten Weltkrieg BERGEN) ersetzt. 1938 erhielt es wie die 1896 von Vulcan in Stettin gebaute WITTOW Dieselmotoren. Die 24,04 bzw. 23,07 m langen Schiffe hatten eine nutzbare Gleislänge von

22,0 m und dürfen 50 t Masse befördern. Pro Schiff und Fahrt konnten drei zweiachsige Schmalspurwagen trajektiert werden. Dabei handelte es sich vor allem um Güterwagen; Reisezugwagen und Lokomotiven verließen den Nordabschnitt der Kleinbahn nur dann, wenn an ihnen größere Reparaturen erforderlich waren. Von 1937 bis 1942 gab es allerdings eine Ausnahme. Wie bereits erwähnt, war es der zwischen Bergen (Rügen) und Altenkirchen verkehrende Triebwagen; die Fahrgäste brauchten nicht auszusteigen.

Derartige Trajektverbindungen hatten in Deutschland großen Seltenheitswert. Zwei ähnliche Anlagen existierten bis 1920 bzw. 1945 in Mewe (seit 1920 Polen) für die Marienwerder Kleinbahn AG und die Westpreußische Kleinbahn auf der Weichsel, beide hatten auch eine Spurweite von 750 mm.

Ab 1949 gehörte der Fährbetrieb zwischen Wittower Fähre und Fährhof zur Deutschen Reichsbahn und wurde später dem Fährschiffamt Saßnitz unterstellt. Nach 1970 entfernte man die Schienen auf beiden Schiffen, und fünf Jahre später wurden Fähranlagen und Schiffe an die Weiße Flotte Stralsund übergeben, die den Betrieb auch heute noch führt.

Die „Wasserfahrt" auf einem der beiden Schiffe ist nach wie vor reizvoll. Der Eisenbahnfreund allerdings kann sich den einstigen Trajektverkehr kaum vorstellen. Deshalb soll er im folgenden beschrieben werden.

Im August 1968, einen Monat vor Stillegung der Nordstrecke, erreichte der Zug aus Bergen (Rügen) Ost den Bahnhof Wittower Fähre. Etwa 50 Fahrgäste verließen den Zug, um mit der Schmalspurbahn „auf der anderen Seite" weiterzufahren. Von Fährhof legte wenig später die BERGEN an. Kraftfahrzeuge mußten warten. Drei Güterwagen kamen an Land. Nach dem Anlegen und dem Befestigen der Anlegebühne bereitete die Mannschaft, bestehend aus Schiffsführer, Maschinist und Matrose, das Abziehen der Wagen vor. Die Lokomotive 99 4631 näherte sich der Fähre, der „Reichsbahnkapitän" stieß mächtig ins Horn, und schon war die Lokomotive angekuppelt. Rumpelnd rollten die Güterwagen aufs Festland, und die Deckungsscheibe fiel auf „Halt". Nun waren Kraftfahrzeuge, aber auch die Reisenden aus dem Bergener Zug zu trajektieren. Die Fahrt dauerte 5 min und war für Bahnreisende im Preis inbegriffen.

Nach dem Übersetzen gestattete der Fahrplan, die Fährhofer Trajektanlagen unter die Lupe zu nehmen, denn der Zug fuhr erst 20 min später ab. Die „Luft" im Fahrplan sollte weitere Trajektfahrten mit Güterwagen ermöglichen. Die Fähranlagen entsprachen denen der Wittower Fähre. Die wuchtigen Brückenportale stammten von der Staatsbahnfähranlage Altefähr und wurden 1927 hier aufgestellt. Die Rügenschen Kleinbahnen kauften sie von der Deutschen Reichsbahn. (1992 sind die Fähranlagen erneuert worden. Die alten Portale konnten danach funktionslos, aber als technisches Denkmal, wieder aufgestellt werden.)

Nachdem der Altenkirchener Zug den Bahnhof Fährhof verlassen hatte, war es wieder still.

Auch das gab's: Einen GmP Göhren–Altefähr, hier bei Garz am 25. Juni 1962 mit der nur kurze Zeit auf Rügen eingesetzten Lokomotive 99 604, die heute der Deutschen Gesellschaft für Eisenbahngeschichte (DGEG) gehört.

Foto: Meyer

12 Für Landwirtschaft und Industrie

Bahnen des nichtöffentlichen Verkehrs auf Rügen

Bei der Herausbildung des Streckennetzes auf der Insel Rügen spielten nicht ausschließlich öffentliche Interessen eine Rolle. Das um die Jahrhundertwende entstandene Feldbahnnetz, meist in einer Spurweite von 600 mm angelegt, hatte oft Anschlüsse zu den Rügenschen Kleinbahnen oder zu Häfen der Boddengewässer. Die nichtöffentlichen Bahnen brauchte man, weil die Landwirtschaft auf der Insel immer intensiver betrieben wurde. Besonders der Anbau von Zuckerrüben, Kohl und Kartoffeln erforderte nicht nur viel Transportraum, die Produkte mußten auch schnell zu den Abnehmern gelangen.

Für den innerbetrieblichen Transport stellte die Feldbahn ein rationelles Transportmittel dar. Im Jahre 1910 gab es auf Rügen etwa 68 km Feldbahnstrecken. Aus der Statistik geht nicht hervor, wieviel Kilometer Gleis jährlich zur Erntezeit als transportables Gleissystem direkt auf die Felder verlegt und nach Ernteschluß wieder abgebaut wurden. Die in den 20er Jahren gebauten Feldbahnen entstanden teilweise aus anderen Motiven als vor dem Ersten Weltkrieg. Im Antrag zum Bau der Strecke Lankensburg–Kuhle kam beispielsweise zum Ausdruck, daß die Tarife der Kleinbahn so hoch waren, daß der Gewinn beim Verkauf des Produkts in Frage gestellt war. Der Transport der Erzeugnisse über eine eigene Bahn und einen eigenen Hafen erschien dem Gutsherrn kostengünstiger.

Die Archivakten geben nur zum Vorhandensein der jeweiligen Feldbahn Auskunft. Ihr genauer Verlauf ist aber selten überliefert. Nur der aufmerksame Betrachter sieht heute mitunter noch Reste dieser Bahnen in der Landschaft, auf Straßen und Höfen. Zum Betrieb der Transportbahn Vansevitz (Hafen)–Parchow (Gut)–Woldenitz (Gut und Kleinbahnanschluß) auf der Halbinsel Wittow ist etwas mehr zu erfahren und auch noch zu sehen.

Hier waren rund 40 vierachsige Kastenwagen mit 4 t Lademasse vorhanden. Gefahren wurde mit Drei-Wagen-Zügen, bestehend aus einem Wagen ohne Bremse in der Mitte und je einem Wagen mit

Bremse am Zuganfang bzw. -ende. Solch einen Zug mit 12 t Nutzmasse bewegten zwei Pferde. Muldenkipper gab es für den innerbetrieblichen Dungtransport. Der Hafen Vansevitz besaß 1929 einen Beladekai mit hochliegender Sturzrampe und einen Entladekai für Düngemittel und Baustoffe. In Parchow lagen Anschlußgleise zu allen Ställen, zu einer Grünfuttertrocknungsanlage und zu einer Kohllagerhalle. Die Ausrüstung der Wagen mit Doppelflanschrädern war dem schwachen Oberbau geschuldet, zu dem ausschließlich Schleppweichen gehörten. Reste dieser Weichen sind noch heute auf dem Gutshof zu sehen.

Infolge der Bodenreform in der sowjetischen Besatzungszone entstanden auch auf der Insel Rügen fast ausschließlich sehr kleine landwirtschaftliche Betriebe. Die Feldbahnen erwiesen sich als überflüssig. Nach der Ernte 1945 wurden sie abgebaut. Als später nach der Entstehung von Genossenschaften wieder große Flächen vorhanden waren, war vom Feldbahnsystem nicht mehr viel vorhanden.

Außer Feldbahnstrecken hatten einige Güter auf Rügen Anschlußbahnen zur Kleinbahn. Einige 600-mm-Feldbahnen berührten Orte, die ursprünglich in die Streckenplanung der Rügenschen Kleinbahnen einbezogen waren.

Die zweite Gruppe der nichtöffentlichen Bahnen waren die Industrie- und Baustoffbahnen. Der Bauboom der Gründerjahre nach 1871 verlangte nach viel Baumaterial. Dabei war die Kreide ein wichtiger Rohstoff, aus dem auch Baukalk und Zement hergestellt wurden.

Bei Garz gab es eine 750-mm-spurige Anschlußbahn der Rügenschen Kleinbahnen zum Kreidebruch Klein Stubben. Von hier aus wurde die Kreide über die Kleinbahn zum Verladehafen Puddemin gefahren.

Ursprünglich führte vom Saßnitzer Hafen eine Seilbahn zum Kreidebruch Lenzberg und später zum Kreidebruch Lancken. Die Verladeeinrichtung der Seilbahn mußte 1908 zur heutigen Westmole des Hafens verlagert werden, weil sie beim Bau der Fähranlagen im Wege war. 1946 wurde die Bahn als Reparationsleistung für die Sowjetunion abgebrochen.

Die bedeutendste Kreidebahn besaß der Pommersche Industrieverein auf Jasmund. Die 1896 in Betrieb genommene Bahn begann beim Kreidehafen Martinshafen (acht Weichen) und führte in die Kreidebrüche Sagard–Quatzendorf (sechs Weichen), Sehlitz und Mönkendorf, in die Kreidebrüche im Bereich Neddesitz und Wesselin, aber auch zum Kreidebruch Wittenfelde (fünf Weichen). Gleispläne der einzelnen Anschlüsse sind nicht mehr erhalten. Im Verladehafen gab es einen Lokschuppen, bei Wesselin eine Einrichtung zum Mahlen und zum Verpacken der Kreide in Fässer. Seit 1921 bestand in Quatzendorf ein Anschlußgleis zur Staatsbahn. Für die Beladung der Staatsbahnwagen mit Kreide diente eine Sturzrampe.

Die Kreide wurde in 10-t-Kastenkippwagen von Dampflokomotiven der Bauart Bn2t unterschiedlicher Hersteller befördert. Drei Maschinen rangierten in Martinshafen. Vier Maschinen verkehrten im Streckendienst. Die Kreidezüge kamen mit je zehn Wagen aus den Kreidebrüchen nach Quatzendorf. In 20-Wagen-Zügen ging es dann weiter mit vier Bremsern nach Martinshafen. Zwei Eigenbaupersonenwagen fuhren im Werkverkehr. Eine nicht bekannte Anzahl von Muldenkippern transportierte Kohle und andere schüttbare Baustoffe.

Um 1906 gab es ein Projekt, die Kreidebahn über Lohme nach Stubbenkammer zu verlängern und für den Personenverkehr mit zu nutzen. Obwohl es gute Aussichten für die Verwirklichung dieses Vorschlags gab, verzögerte sich der Baubeginn. Nach dem Ersten Weltkrieg wurden diese Pläne jedoch nicht weiter verfolgt.

Die Kreidebahn war in ihrer ursprünglichen Form bis 1945 in Betrieb. Allerdings änderte sich das Gleisnetz mehrfach in Abhängigkeit von der Nut-

Hochbetrieb im Martinshafen. Ein Kreidetransportkahn verläßt den Hafen und gibt den Blick auf die Sturzrampe frei. Am Endladekai (links) bringen Küstenmotorfrachter Kohle, Baustoffe und Holz ans Land. Foto: Sammlung Krentzien

In den 80er Jahren wurde vergeblich versucht, die Kreidebahn durch eine Pipeline zu ersetzen. Die Bahn sollte nur noch die in der Grube errichtete und auf dem Foto zu sehende Schlämmanlage bedienen. Foto: Krentzien

Ein Kreidebahnleerzug ist unterwegs im Jahre 1981 auf dem zweigleisigen Streckenabschnitt zwischen Kreidewerk und Grube. Dieser Zug wird geschoben.
Foto: Krentzien

Dampfbagger beladen vor dem Zweiten Weltkrieg die Kreidebahnwagen.
Foto: Sammlung Krentzien

Dieser originelle Personenwagen fuhr nach 1960 kurzzeitig in Werkpersonenzügen zwischen Quatzendorf und dem Tagebau. Später diente er als fahrbarer Baustellenaufenthaltswagen.
Foto: Krentzien

zung der einzelnen Tagebaue. 1946 fiel die Bahn unter die Reparationslieferungen an die Sowjetunion. Im Jahr 1947 wurde die Strecke zwischen Sagard-Quatzendorf und Wittenfelde in einer Spurweite von 900 mm wieder aufgebaut. Zunächst fuhren dort Dampflokomotiven und später Diesellokomotiven.

1956 entstand in Quatzendorf eine Versuchsanlage zur Kreidetrocknung. Nach erfolgreichem Probebetrieb baute man bis 1961 eine neues Kreidewerk in Klementelvitz. Parallel dazu wurde auch die Kreidebahn neu gestaltet. Sie war zwischen dem Tagebau und Klementelvitz zweigleisig und von dort bis Quatzendorf eingleisig. Von der eingleisigen Strecke zweigte eine Stichbahn zu einem aufgelassenen Tagebau ab, in den Abfallprodukte der Kreideverarbeitung gekippt wurden. Später löste eine Pipeline die Strecke nach Quatzendorf ab. Der Versuch, die gesamte Bahn durch ein Rohrleitungssystem zu ersetzen, scheiterte zunächst, weil die transportable Schlämmanlage im Tagebau lange Zeit nicht die Erwartungen erfüllte. Als um 1990 der Ostmarkt des Kreidewerks zusammenbrach, mußte die Produktion stark gedrosselt werden. Das hatte 1992 die Einstellung des Kreidebahnbetriebs zur Folge. Eine neue Schlämmanlage oberhalb des Tagebaus und der Einsatz von Lkw reichen für die geringe Produktionsmenge aus. So starb die Kreidebahn ohne eine Pressenotiz, ohne ein würdigendes Nachwort. Die Anlagen waren im Herbst 1992 noch vollständig vorhanden.

Die Kreidebahn beförderte die Rohkreide in speziell dafür konstruierten Kübelwagen, versorgte die Bagger mit Treibstoff in Eigenbaukesselwagen und entsorgte Abraum mit vierachsigen Kippwagen, die aus Braunkohletagebauen hierher kamen. Als Zuglokomotiven fuhren Diesellokomotiven des Typs V 10 C, die vom VEB Lokomotivbau „Karl Marx“ Babelsberg geliefert oder von Braunkohletagebauen übernommen wurden. Zweiachsige Eigenbaupersonenwagen fuhren kurzzeitig zwischen Quatzendorf und dem Tagebau. Später nutzte man sie als fahrbare Baustellenunterkünfte. Es gab auch zwei vierachsige Personenwagen. Der eine Wagen kam von sächsischen Bahnen. Die Herkunft des anderen Fahrzeugs ließ sich bis heute nicht feststellen. Der Fahrbetrieb war durch Lichtsignale und Stellwerke gesichert.

Im Teilbetrieb Quatzendorf hielt sich bis 1990 eine Kuriosität auf 600 mm Spurweite. Eine LKM-Lok, Baujahr 1951, beförderte vom normalspurigen Anschlußgleis auf 100 m Strecke Kohle zum Heizhaus. Die Kreidewerke besaßen vier normalspurige Rangierlokomotiven zum Einsatz in Klementelvitz und Quatzendorf. Darunter befand sich auch eine Lokomotive sowjetischer Bauart.

13 Lokeinsatz auf Rügen

Das Eisenbahnnetz der Insel Rügen war bis 1936 nur über die Fährverbindung Stralsund–Altefähr und ab 1909 durch die Fährverbindung Saßnitz–Trelleborg mit anderen normalspurigen Streckennetzen verbunden. Die Fährbahnhöfe waren Kopfbahnhöfe. Daher war der Einsatz von Tenderlokomotiven bis 1936 auf Rügen selbstverständlich. Folgende Lokeinsätze lassen sich nachweisen:

1883 bis 1907: preußische Gattung T 3, später DR Baureihe 89^{70-75} (einschließlich internationaler Verkehr),
seit 1907: preußische Gattung T 12, später DR Baureihe 74^{4-13},
seit 1912: preußische Gattung T 18, später DR Baureihe 78,
seit 1932: DR-Baureihe 62.

Mit der Fertigstellung des Rügendamms 1936 konnten auch Schlepptenderloks nach Rügen kommen. Jedoch war der Einsatz der Baureihe 03 bei der Eröffnungsfahrt eine Ausnahme. Es gab auf der Insel nur 18-m-Drehscheiben, die für diese Lokomotiven zu kurz waren. Die Baureihen 62, 74 und 78 waren bis 1947 dominierend. Gelegentlich fuhren Maschinen der Baureihen 38 und 57 hierher. Bis in die 60er Jahre war das Bw Saßnitz Heimat der meisten auf Rügen eingesetzten Loks. Später gehörte es als Einsatzstelle zum Bw Stralsund.

Nach 1952 wurde der Lokeinsatz vielfältiger. Vor den internationalen Güterzügen verkehrten Lokomotiven der Baureihe 52. Saßnitz erhielt 1968 eine 23-m-Drehscheibe. Jetzt kamen Lokomotiven der Baureihen 03^{10} und 50^{40} hierher. Im Rangierbetrieb war die Baureihe 94^{5-17} eingesetzt. Auch Maschinen der Baureihen 03^{0-2}, 23^{10} und 38^{10-40} fuhren hier. Die letzten auf Rügen eingesetzten Dampflokomotiven waren die 03 0010 und 03 0080 im Jahre 1979.

Die Verdieselung begann mit der Ablösung der 94er durch die Baureihe 106 (heute 346). Im Güterzugbetrieb bewährte sich die Baureihe 120 (heute 220), bis sie durch die Baureihen 132 und 142 (heute 232 und 242) abgelöst wurde. Im Personenverkehr waren auch Loks der Baureihen 110 und 118 (heute 201 und 228) im Einsatz. Verbindungen zwischen Berlin und Saßnitz gab es zeitweise mit den Schnelltriebwagen der Baureihe 175.

Die Lokomotiven der Baureihe 78 gehörten vor 1947 zum Rückgrat des Eisenbahnbetriebes auf Rügen. In der Nachkriegszeit kamen sie nur noch selten hierher; Bergen am 1. Juli 1967: Personenzug 572 Saßnitz–Stralsund.
Foto: Meyer

Mit Aufnahme des elektrischen Zugbetriebs 1987 kamen die E-Lokbaureihen 243 (heute 143) und 211 (heute 109) nach Rügen. 1992 begann die Ablösung der Baureihe 346 durch die Baureihe 298 im Rangierbetrieb des Saßnitzer Hafens. Die 242 ist noch im schweren Güterzugdienst und als Schiebelokomotive zwischen Saßnitz Hafen und Saßnitz anzutreffen.

Im Fährhafen Saßnitz-Mukran wurden zunächst Lokomotiven der Baureihe 120 auf Breitspur eingesetzt. Sie bewährten sich nicht im Rangierbetrieb. Heute fahren umgespurte Maschinen der früheren Baureihen 105 und 106 als Baureihe 347 im Breitspurrangierbetrieb.

Eine größere Anzahl von Lokbaureihen war als Einzelgänger kurzzeitig auf Rügen. Weitere Details sind der Quelle 6 zu entnehmen.

14 Beliebte Fotostandorte

Strecke Stralsund–Saßnitz Hafen

1. Ziegelgrabenbrücke
   Vom Bf Stralsund Rügendamm; vom Seglerhafen (möglichst beim Hafenmeister anmelden); vom Turm der Marienkirche (später Nachmittag).
2. Strelasundbrücke
   Vom Hochufer in Altefähr (Uferweg hinter Straßenunterführung nutzen).
3. Alter Bahnhof
   Links vom Rügendamm in Richtung Altefähr.
4. Haltepunkt Rambin (km 235,2)
   Empfangsgebäude mit Resten von Fachwerkelementen und Holzsägearbeiten.
5. Bahnhof Samtens (km 240,6)
   Bahnsteig 2.
6. Feldwegbrücke Stönkvitz
   Brücke aus Spannbeton aus den 30er Jahren; von der B 96 in Richtung Stönkvitz abzweigen.
7. Bahnhof Bergen (Rügen) (km 252,1)
   Empfangsgebäude aus gelben Klinkern mit Fachwerkanbau und zweiständiger Lokschuppen; vom Bahnsteig (abends) oder von der Fußgängerüberführung.
8. Kreuzung Straße–Eisenbahn in Richtung Lietzow
9. Strecke am Kleinen Jasmunder Bodden
   Vom Parkplatz an der Abzweigung Ralswiek (B 96) am Waldrand zum Bodden gehen.
10. Lietzow (km 261,6)
    An der Schleuse und Schiffsanlegestelle, an der Landstraße und vom Hügel beim Stellwerk: Gleisanlagen, Empfangsgebäude und „Schloß“ Lichtenstein.
11. Saiser
    Früherer Standort der hölzernen Feldwegbrücke; Durchlaß für den Abfluß des Wostewitzer Sees; abwechselungsreiche Streckenführung; von der B 96 Abzweigung Saiser beachten.
12. Abzweigstelle Borchtitz (km 263,8)
    Beamtenwohnhaus; Reste der früheren Abzweigstelle nach Glowe.
13. Bahnhof Sagard (km 267,4)
    Überführung der B 96 auf Spannbetonbrücke; von den umliegenden Hügeln: Eisenbahn,

Bahnhof und Ort Sagard mit Kirche der Backsteingotik und alte Mühle.

14. Lancken (km 272,0)
Höchster Punkt der Strecke Berlin–Saßnitz; Anschlußgleis zum Kreidewerk; Empfangsgebäude aus gelben Klinkern; renoviertes Beamtenwohnhaus; Schranke mit Handbetrieb; nachgeschobene Züge von Saßnitz (oft BR 242).
15. Saßnitz (km 272,7)
Repräsentatives Empfangsgebäude aus Klinker; siebenständiger Lokschuppen; mechanisches Stellwerk; Drehscheibe vor der Bahnhofseinfahrt; in der Merkelstraße renovierte Eisenbahnerwohnhäuser von 1909; Kopfbahnhof für Züge vom und zum Hafen.
16. Saßnitz–Saßnitz Hafen (km 272,7–274,5)
Von Betonbrücke der B 96; Doppelbespannung, Schiebebetrieb u. a. mit Loks der BR 232 und 242.
17. Fährhafen Saßnitz, Fährverkehr Saßnitz–Trelleborg
Achtung! Zollgrenzbezirk, Zollbestimmungen beachten!
Von der Bahnhofsstraße: Gesamtansicht des Fährbahnhofs (früher Morgen); von der Trelleborger Straße: Gesamtansicht des Fährbahnhofs (später Nachmittag); von der Mole und vom Hochufer zwischen Saßnitz und Stubbenkammer: Fährschiffe.
18. Fährbahnhof Trelleborg
Großer Rangierbahnhof; elektrischer Rangierbetrieb; Elloks in Doppeltraktion; Trailerzugterminal; der frühere Personenbahnhof ist stillgelegt und beherbergt eine historische Fahrzeugausstellung; vom Fährschiffdeck: Gesamtansicht der Gleisanlagen.
19. Fährbahnhof und Fährhafen Saßnitz Mukran
Vom Aussichtspunkt in der Nähe der Gaststätte Hülsenkrug: Hafenbetrieb, Ein- und Ausfahrt der Fährschiffe, Be- und Entladung; von der Straßenüberführung: Aufstellgleise für Breitspurwagen; von der parallel zum 4 km langen Bahnhof (frei nur für Radfahrer) verlaufenden Nordstraße: gute Einsicht auf den Bahnhof.

Bergen (Rügen)–Putbus–Lauterbach

20. Bahnhof Bergen (Rügen)
Stadtseitiger Weg parallel zum Bahnhof in Richtung Stralsund bis zum Stellwerk: Zugausfahrten in Richtung Putbus; durch Bergen-Süd in Richtung Tilzow: Tilzower Brücke.
21. Pastitz (km 7,7)
Kreuzung der Strecke mit der Straße von Bergen: historische Haltepunktwartehalle in rügentypischer Fachwerkbauweise.
22. Bahnhof Putbus (km 10,0)
Historische Spannbetonbrücke von 1911 über den Kleinbahnhof zu erreichen: Empfangsgebäude mit hölzerner Bahnsteigüberdachung, steht unter Denkmalschutz.
23. Lauterbach (km 12,0)
Empfangsgebäude mit farbigen Klinkern; Bahnhofdamm in den Greifswalder Bodden.

Lietzow–Binz

24. Bahnhof Lietzow
Über die Ladestraße der Strecke folgen: Strecke am Kleinen Jasmunder Bodden.
25. Spannbetonbrücke bei den Feuersteinfeldern
Fußweg ab Parkplatz Mukran an der Straße Saßnitz–Binz.
26. Bahnhof Prora (km 7,1)
An der Hauptwache der früheren NVA-Kasernen.
27. Bahnhof Binz (km 12,1)
Ausgedehnte Bahnhofsanlagen mit Empfangsgebäude im Stil der 30er Jahre.

Putbus–Göhren

28. Bahnhof Putbus (km 35,3)
Ausgedehnte Gleisanlagen der Rügenschen Kleinbahnen parallel zum Bahnhof der Strecke Lauterbach–Bergen; Lokeinsatzstelle; Bekohlungsanlage; Bww-Außenstelle; historische Standfahrzeuge.
29. Posewald Kreuzung (km 37,8), Posewald Haltepunkt (km 39,1)
30. Bahnhof Seevitz (km 41,3)
Hügelige Landschaft mit Hünengräbern; bei km 42: Fernsicht auf Bahn und Landschaft.
31. Haltepunkt Serams (km 43,4)

32. Bahnhof Binz Ost (km 46,2)
    Mehrfach erweitertes Empfangsgebäude mit offener Bahnhofshalle.
33. Haltepunkt Jagdschloß (km 48,5)
    Mehrere Fotostandorte im Wald von Granitz.
34. Haltepunkt Garftitz (km 49,8)
35. Sellin West (km 53,0)
    Früherer Haltepunkt mit teilweise erhaltenem Empfangsgebäude.
36. Bahnhof Sellin (km 54,4)
    Im Bogen liegender Bahnhof; historisches Empfangsgebäude in Fachwerkbauweise.
37. Bahnhof Baabe (km 55,6)
38. Philippshagen (km 57,3)
    Haltepunkt; historisches Empfangsgebäude (heute in Privatbesitz); frühere Gepäckannahme; von Baabe bis Philippshagen kann man mit dem Pkw parallel zur Bahn fahren.
39. Bahnhof Göhren (km 59,4)
    Kopfbahnhof mit historischem Empfangsgebäude (heute Gaststätte) und Empfangsgebäude von 1928; einständiger Lokschuppen; Wasserkran.

15 Abkürzungen, Begriffe

Bf	Bahnhof
Bw	Bahnbetriebswerk
Bww	Bahnbetriebswagenwerk
DB	Deutsche Bundesbahn
Doppelflanschräder	bei Feldbahnen vielfach übliche Räder mit zwei Spurkränzen
DR	Deutsche Reichsbahn
FDGB	Freier Deutscher Gewerkschaftsbund
FIV	Fahrzeug-Informations-Vormeldeverfahren
GmP	Güterzug mit Personenbeförderung
KdF	Kraft durch Freude, nationalsozialistische Freizeitorganisation
KPEV	Königlich Preußische Eisenbahn-Verwaltung
LKM	VEB Lokomotivbau „Karl Marx" Babelsberg
NVA	Nationale Volksarmee
PLB	Pommersche Landesbahnen
Raw	Reichsbahnausbesserungswerk
Rbd	Reichsbahndirektion
Rü.K.B.	Rügensche Kleinbahnen-Aktiengesellschaft
Schiffsbrücke	parallel zueinander in einem Gewässer vertäute Schiffe tragen eine Fahrbahn
SJ	Statens Järnvägar (Schwedische Staatsbahnen)
SMAD	Sowjetische Militäradministration in Deutschland
TEEM	Trans-Europ-Express-Marchandises
TS-Linie	Bezeichnung für die Fährlinie Trelleborg–Saßnitz

16 Literaturquellen

/1/ Harder; Meier: Eisenbahnfähren der Welt. – Herford, 1986

/2/ Hormann, W.; Krentzien, W.; Oehler, H.: Die Rügenschen Kleinbahnen Putbus–Göhren. – Saßnitz, 1991

/3/ Jünemann, K.; Kieper, K.; Nickel, L.: Die Rügenschen Kleinbahnen. – Berlin, 1983

/4/ Kieper, K.; Preuß, R.; Rehbein, E.: Schmalspurbahn-Archiv. – Berlin, 1980

/5/ Kramer; Kramer; Foerster; Die Schiffe der Königslinie, – Berlin, 1983

/6/ Krentzien, W.: 100 Jahre Eisenbahnen auf Rügen. – Greifswald, 1987

/7/ Krentzien, W.: Eisenbahnfährverkehr Stralsund–Rügen. – Greifswald, 1987

/8/ Krentzien, W.: Der Rügendamm. – Saßnitz, 1990

/9/ Krentzien, W.: Saßnitz und Trelleborg-Reisen mit der TS-Linie. – Saßnitz, 1991

/10/ Krentzien, W.: Über Saßnitz nach Bornholm. – Saßnitz, 1992

/11/ Ransome-Wallis, P.: Eisenbahnfähren in Westeuropa. – Zürich, 1968

/12/ Rostock, J.; Zadincek, F.: Paradies-Ruinen. Das KdF-Bad der 20 000 auf Rügen. – Berlin, 1992

/13/ Schön, H.: Ostsee 1945. – Stuttgart, 1992